湛庐CHEERS

与最聪明的人共同进化

HERE COMES EVERYBODY

如果宇宙可以伸缩

The Zoomable Universe

[英]凯莱布·沙夫 著 [英]罗恩·米勒 绘
Caleb Scharf Ron Miller
高妍 译

浙江教育出版社·杭州

献给所有的探索者，

过去，

现在与未来

前 言

宇宙是一张可伸缩的地图

很久以前，原子遍布在直径达几万亿千米的空旷宇宙中。过去的几十亿年里，没有任何迹象表明，这些原子最终会组合在一起，成为你的眼睛、皮肤、头发、骨骼，或是你大脑中的 860 亿个神经元。

这些原子中有很多来自恒星的深处，也许是好几颗恒星，它们之间相隔几万亿千米之远。当这些恒星发生爆炸时，它们向外喷射出灼热的气流，气流裹挟着一些物质向外扩散，并填满了一个星系的一小部分，这个星系存在于一个直径几乎达 10^{24} 千米的时空中，而在这个时空中，与它相似的星系有数千亿个。

尽管这些原子零散地分布在宇宙中，但它们最终演变成了我们的世界，成了我们地球的一部分。它们逐渐冷却，慢慢聚集在一起，因重力而沉降，形成新的物质，其密度几乎比它们飘浮在宇宙中时的密度大了 10^{21} 倍。经过大约 45 亿年，它们渐渐变成了各种不同的样子。

这些原子中的一部分形成了最早一批复杂生命的微观气泡，那时，那些复杂生命仍栖身于空空荡荡的海洋和大陆之中。而正是这部分原子遨游在整个地球环境中时，不断地被释放，被吞并。

它们存在于一只，也可能是几千只三叶虫的壳上。它们存在于生物的触须中，根茎上，脚上，翅膀上，血液中，以及这之间的无数细菌上。当1亿年前，这些生物向外看向太空时，有些原子就飘浮在它们的眼前，而另外一些可能在恐龙蛋的卵黄中扎了根，或者附着在冰河世纪时期一只生物呼出的气体上。对其他一些原子来说，这是它们第一次被整合进活的有机物中，而在这之前的漫长岁月里，它们一直在海洋和云朵中、在几万亿滴雨滴或者几十亿朵雪花中穿行。现在，在这一瞬间，它们就在这里，构成了你。

每个原子本身都是一种直径约一百亿分之一米大小的化合物，恰好处于一个宇宙的边缘，处于我们肉眼看得见的现实世界和看不见的量子世界之间。电子占据了原子空间的大部分区域。质子和中子聚集在原子核周边，原子比它们大10万倍，而它们本身由其他更小的东西组成：夸克和胶子。我们可以说电子不具备实际意义上的大小，也可以说原子核比电子大1 000万倍。在138亿年前的某一刻，所有原子构成的所有化合物都被挤压在一个极其狭小却拥有巨大能量的时空源头中。虽然这个源头现在已经扩大了很多，但我们人类仍然处于这个封闭空间之中，与那些可能存在于10亿光年之外的东西一起存在于此。然而，我们并非与外界毫无联系。

这是一个相当离奇的故事，它并非虚构，关于过去138亿年里究竟发生了什么，这是我们所能做出的最好的推测与讲述了。《如果宇宙可以伸缩》试图挖掘出这个故事的更多部分，让你能够认识到人类关于整个自然界知道（或不知道）些什么。为了实现这一点，我们将会采取一种行之有效的方法，也就是做一个简单的假设：用放大了10倍的视野来观察宇宙，从宇宙可观测的边缘直达现实最深处。

“游历于不同尺度下的自然界”这一奇思妙想并非新近才出现的，这一想法在科学上的实现最早可追溯至1665年出版的罗伯特·胡克（Robert Hooke）的著作《显微制图》（*Micrographia*）。类似的作品还有1957年基斯·博克（Kees Boeke）的开创性巨作《宇宙观：40级跳跃中的宇宙》（*Cosmic View: The Universe in 40 Jumps*），1968年加拿大国家电影局（National Film Board of Canada）发行的短片《宇宙伸缩》（*Cosmic Zoom*），1977年查尔斯·埃姆斯和蕾·埃姆斯导演的《十的次方》（*Powers of Ten*），以及随后的众多衍生物，它们充分展示了人类对宇宙之旅的普遍热爱。

现在似乎到了拿出一些成果的时候了，我们不仅需要引入全面更新的核心材料，还应将重心聚焦于宇宙错综复杂的连接性上。与我手里的原子相关联的，可能是另一边的原子，或者另一颗行星上的原子，又或是横跨大半个宇宙的原子。在我们身上起作用的物理原理，在其他尺度上、其他宇宙时间中也同样有效。我们日常生活中出现的形态和层展现象（emergent phenomena），会以无数种惊人的方式在自然界中共享同样的规则与特质。

无论是描述手指和脚趾的数量，还是使用现代数学与测量单位，我们都能看到“10 的幂”这种概念在 10 的次方和 10 的负次方之间来回变换。将这些连续的量级放在一起，我们就拥有了一种语言，用来表达远在人类日常经验之外的宇宙连续性与相关性。“10 的幂”使人类在宇宙万物与空无一物之间自由穿梭。

《如果宇宙可以伸缩》只是一个概要，如果你愿意的话，叫它备忘单也行。这本书并不能详述宇宙的历史以及其中的每一个细节。相反，它会把我们所知的现实世界看作一张可伸缩的、有着预设途径的地图。用电子游戏来比喻的话，本书就像一个“铁轨射击游戏”（rail shooter），只不过这条轨道是沿着宇宙的物理尺度铺展开的，它从顶端开始，一直缩小到底部。

在书写这段旅程并以图表展现出来之前，我们不断地苦苦思索该如何建设这条铁路。宇宙有着三维的空间，还有一个棘手的维度，我们称之为时间。在这一路上，有无数有趣的东西值得一看。而我们试图在“总览全线”与“确保观赏了绝妙景点”之间找到平衡。

在这段旅途中，某些地方真的很有挑战性，甚至在第 1 章，你就需要辨别暗物质、扩张的宇宙，以及一些更奇怪的东西，比如多维宇宙和多维版本的你；在第 3 章，你会看到太阳系的宏伟起源；到了第 6 章，你会困惑于意识的本质；而在第 9 章，你需要了解量子力学的阐释方式。别担心，书中精美的插图和信息图表将会照亮你的前路，为你指引方向。

人们对现实的种种观感融合在一起，形成了光怪陆离的数据与知识。我们希望，在找寻自己与这些数据、知识间的关联时，你能乐在其中。记住，这是所有人的宇宙，当然，也是你的宇宙。

10^{22}米
10^{21}米
10^{20}米
10^{8}米
10^{0}米
10^{-1}米
10^{-2}米
10^{-3}米
10^{-7}米
10^{-8}米
10^{-12}米
10^{-13}米
10^{-14}米

目 录

PART 1

10^{27} ~ 10^{14} 米的 14 个宇宙:
包罗万象的浩瀚远景

1

从一颗散发着微光的尘埃到整个星系

10^{27} 米，10^{26} 米，10^{25} 米，10^{24} 米，10^{23} 米
从大约 930 亿光年到 1 000 万光年
从宇宙视界的直径到星系群的大小

这是一个夏日的早上。你坐在一间铺满阳光的屋子里，手中拿着书，一页页地翻看着，正准备开启一段穿越宇宙的旅程。

抬头看时，你注意到，透过窗户照进来的光束中满是细小的、散发着微光的尘埃。这些明亮的尘埃在气流中上下翻飞，像是一群奇特的生物。这些尘埃是非常微小的，但如果把整个房间看作宇宙，那么每一粒尘埃就相当于宇宙中的一个完整星系。

现在，让我们追随其中一个小颗粒。这就是我们的星系——银河系。它是 2 000 多亿颗恒星的家园，而银河系中行星的数量至少也有这么多。这些恒星和行星分布在一种宽达 10 万光年（超过 90 万兆千米）的结构上。如果按人类的步行速度计算，你需要 20 万亿年的时间来横跨这一天体。

深藏在这亿万个天体之间的一颗特殊的行星，被我们称为地球。这颗星球是一颗小小的岩石星球，有一层薄薄的结晶层覆盖在炽热的内核之上，结晶层上方是水和大气。地球围绕着一颗单独的恒星旋转，我们把这颗恒星叫作太阳。身处于 100 亿岁的星系中，太阳自身却只有 45 亿岁。

现在回顾一下你生命中了解和经历过的一切：你的家人、朋友、狗、猫、小老鼠、马、房子、沙发、床、比萨、苹果、橘子、树、花、昆虫、灰尘、云、水、雪、雨水、泥巴、阳光……还有满天繁星的夜晚。

再来想一想所有那些曾经活过的人（生物学上的现代人类，总数大约为1 100亿）以及他们在自己的一生中认识的人。所有这些人，数以亿计的人，用几个世纪、几十年、几年、几个月、几天、几小时、几秒甚至一眨眼的时间，感受着他们周围的环境。

对人类来说，有很多特殊的时刻存在。但在35亿年前、人类出现之前，地球上的生物已变得丰富起来：从细菌和古细菌到多细胞集群，从三叶虫到昆虫，从恐龙到头足纲，亿亿万万的生命实体蜿蜒分布在每一个你能想到的生态位上，通过改变化学能电位和概率而成为现实存在。在那漫长岁月中的每一个时刻，每个生物都被自然选择改造着、筛选着，并被永不停歇的分子力学推动着前行。

所有这一切，以及其中每个微小的部分，都存在于这个世界上，存在于无数矿物点中的一个难以察觉的小矿物点中，存在于充满阳光的房间里你所看到的飘浮在空中的一粒小小尘埃上。这就是我们所知的宇宙。

这个小小的、被我们称为银河的尘埃星系，只是一片满是涟漪的网状物质大海中的很小一部分。这片海洋中有超过2 000亿个其他星系，它们有大有小，有些是独立的，有些处于混乱的碰撞中。所有这些，不过是距离我们130亿光年之内的星系，它们处于我们的“视界”之内，这个“视界”即光的行进范围，就如同你房间内可供行走的范围。

宇宙扩张也充斥着电磁辐射，这种能量既能以波的形式存在，也能以粒子的形式运行。这两种形式结合在一起构成的无质量单元被称为光子，它们在宇宙空间中快速地穿梭。某些光子来自早期的一些炙热之地，我们将这些地方统称为宇宙；其他光子则来自一些特殊的、独立的地方：恒星、超新星、温热发光的年轻行星、宇宙碰撞和冲击波，甚至可能是（或者不是）技术文明之间的信息传递。

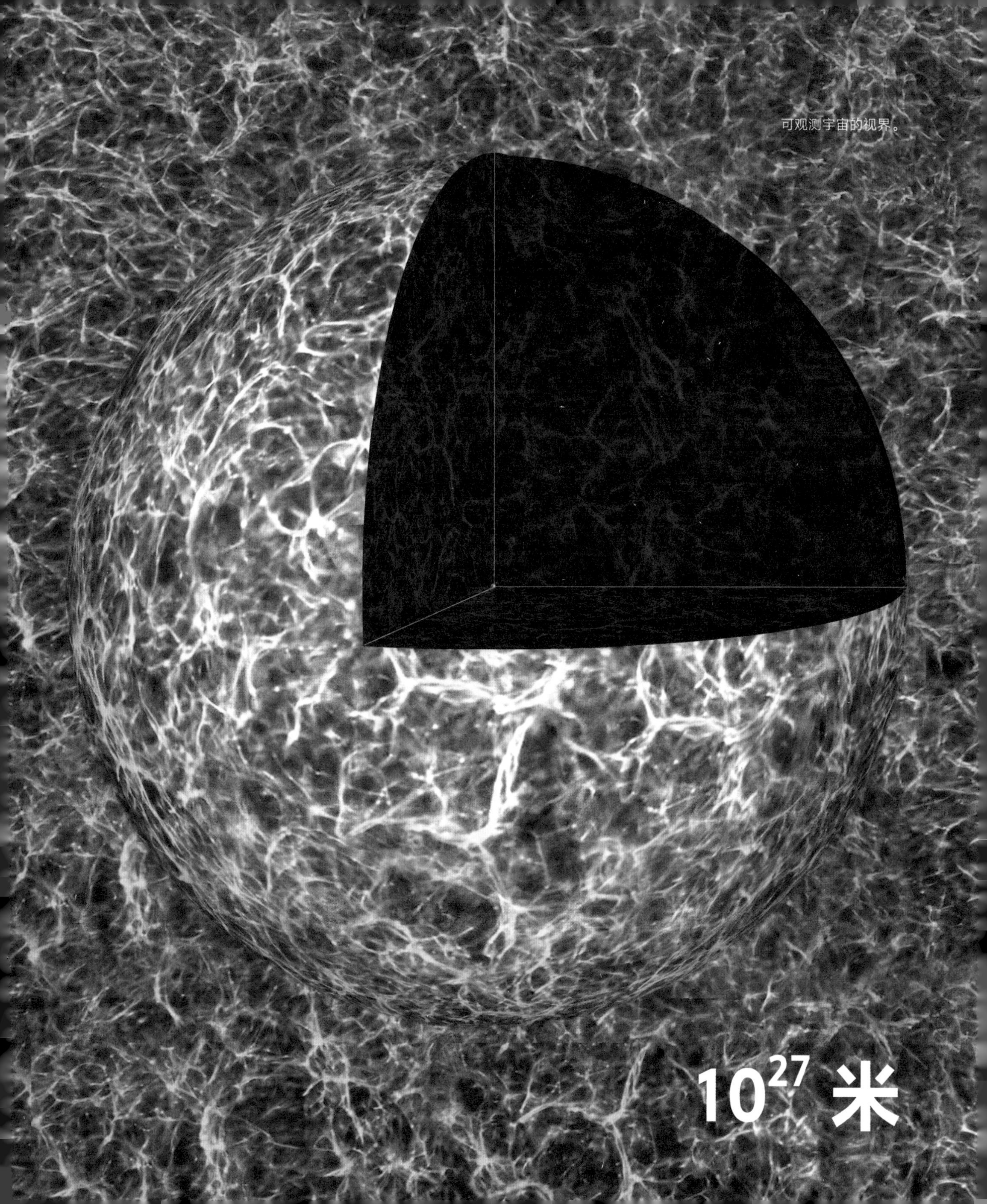
可观测宇宙的视界。
10^{27} 米

把我们宇宙视界中的所有可见物质，比如质子、中子、电子以及其他亚原子物质加起来，粒子数目的总和大约是 10^{80}。虽然这已经是一个非常巨大的数字了，但这些物质真的只是沧海一粟，因为仅是在我们身边穿梭的光子，数量就达到了这个数字的 10 亿多倍。在可观测的宇宙中，这些携带电磁能量的粒子总数大约是 100 000 000 000 000 000 000 000 000 000 000 000 000 000 000 000 000 000 000 000 000 000 000 000 000 000 000 000 000 000。

然而，这些我们自认为囊括了空间中所有物质的原子和亚原子只不过是其中的 16% 而已。这只是我们的眼睛和设备能够看到的部分。天文学的证据表明，尚未显露真身的亚原子构成了一个不可见的暗宇宙，占据了宇宙物质总量的 84%。这是充满暗物质的地下世界，它用自身的引力统治了全部星系，却不为我们所见。

更奇特的是，所有这些可见物质和暗物质都在一个充满微观量子现象的时空结构中涌动。这些缥缈的量子现象实在是太渺小、太短暂，也太奇特了，除了不断积累而又骇人听闻的暗能宇宙物质网的暗面。

量效果外，它们甚至很难被我们注意到。天文学家认为暗能量是导致宇宙不断扩张的头号嫌疑人。时空，也就是宇宙整体的基本结构，随着时间的流逝而不断地膨胀。

而这在本质上，就是万物的真正含义。

你是否想问，接下来会发生什么？在我们称之为宇宙的空间之外，在所有事物之外的是什么？在我们观测到的现实，即“满是阳光的房间”外面会有什么？这些都是好问题。目前，在我们能够真实地感知到万事万物的宇宙之外的一切，只能被简单地称为“非宇宙”。

在所有已知尺度上展开的现实之旅，以及本书的阅读之旅，均起始于已知和未知边缘。这是一个在我们的宇宙视界内外不断徘徊的地方，而宇宙视界是光在宇宙已知的存在时间内行进的距离所决定的范围，是进入你“房间”的大门门槛。在宇宙视界之内，是可观测的宇宙，而在这之外，是仍为谜团的迷宫。

可观测的宇宙

10^{-35} 米是物理学中最短的有意义距离，光走完这段距离大约需要 10^{-44} 秒。相对而言，某些微波辐射的光子耗费了 138 亿年时间才撞到你身上，而这些光子走过的距离现在已经扩大到 10^{26} ~ 10^{27} 米。在“物理学中的最短有意义距离”和“光子行进的距离”这两个尺度之间，就是我们能够观测到的（可能也是我们所知道的）一切。

10^{-10} 米
原子
化学的基石。我们的身体内约有 10^{27} 个原子。

10^{-7} 米
病毒
生命的传染源。地球上至少存在 10^{31} 种病毒；将所有病毒头尾相连的话，长度可达 1 亿光年。

10^{-20} 米
夸克
这些基础的粒子是强子（普通）物质（例如质子和中子）的构成要素。夸克有质量、电荷、自旋以及一种我们称之为色荷的性质。

10^{-15} 米
质子
质子（以及中子）能够形成原子核。质子的质量是电子的 1800 余倍。

横轴：尺度范围（米）

10^{-35} 10^{-30} 10^{-25} 10^{-20} 10^{-15} 10^{-10} 10^{-5}

普朗克尺度
因为这一量级过于微小，所以我们需要运用量子重力理论来描述发生了什么。从普朗克尺度到一粒灰尘的尺度，中间存在众多数量级，级数之多，与一粒灰尘到整个可观测宇宙间的级数相差无几。

中间区域
0.1 毫米（10^{-4} 米）约是长度尺度上从 10^{-35} 米到 10^{27} 米的中间位置；这一尺度与普朗克尺度相比，约等于整个可观测宇宙的尺度与 0.1 毫米之比。

时间尺度

空间和时间是紧密相关的。光速限制了可观测宇宙中的因果关系。

3.3 幺秒
（1 幺秒 =10^{-24} 秒）
光跨越一个质子所需的时间

0.33 皮秒
（1 皮秒 =10^{-12} 秒）
光走完 0.1 毫米所需的时间

10^{21} 米

星系

我们身处于一个有着2 000多亿颗恒星的较小的星系之中。最小的星系可能只有几百万颗恒星；最大的星系可能含有几万亿颗恒星。

10^{7} 米

行星

行星类天体的直径从几百千米至10万千米不等。

10^{10} 米

恒星

最小的恒星直径有 10^{8} 米。太阳的直径是 10^{9} 米。最大的恒星直径超过 10^{11} 米。

10^{-1}　10^{0}　10^{1}　10^{5}　10^{10}　10^{15}　10^{20}　10^{25}

可观测宇宙的半径：10^{26} ~ 10^{27} 米

不可知世界

0^{-3} 米

人类体验尺度

我们能感知到的范围只是宇宙中很狭窄的一部分。我们在生理上很难感知到直径小于几毫米或大于几千米的东西。在62个数量级中，人类体验尺度仅仅占据了6个。

10^{3} 米

可观测宇宙边界

宇宙视界，也就是光在已知时间内从我们这里出发所能到达的最远处。宇宙中的任何观测者都处在他们自己的视界中心，也就是他们自己的已知气泡中。

3.3 纳秒
（1 纳秒 =10^{9} 秒）
光行走1米所需的时间

人的一生约为25亿（2.5×10^{9}）秒。

500 秒
光从太阳到达地球所需的时间

1 亿秒
（10^{8} 秒）
光从太阳到达比邻星所需的时间

100 兆秒
（10^{17} 秒）
光从宇宙视界到达地球所需的时间

从单一宇宙，到多重宇宙

事实上我们认为，我们的宇宙在已知视界之外势必还有延续。来自视界之外的那个宇宙的光还来不及抵达我们，而那个宇宙可能比我们所能看见的宇宙要大得多。基于已知的时空几何分析，人们做出了一些预测：在现有宇宙视界的基础上，若想获得一个“完整的”宇宙，可能还要将视界范围扩大至少 250 倍。另一些预测认为，根据宇宙最初的快速扩张（或膨胀），真实的宇宙可能比我们历来所看到的、所估计的还要大 10^{23} 倍。

如果这是真的，那么宇宙中很可能存在对人类诞生之地的复刻。甚至连太阳系、行星、生命形式都可能有其翻版，与我们熟悉的那些概念有着不可思议的相似之处。

存在于可观测宇宙之外的另一个世界？

这是一个尚未被证实的猜想，翻滚的宇宙骰子可能已拥有足够的时间来复制地球和地球的历史。不过，与之相比，我们关于宇宙本质和物理起源的猜想更为神奇。

为了演示我们观测到的宇宙（包括时空的“形状”以及宇宙在最大尺度上表现出的相对一致性）是如何生成的，科学家们提出了宇宙膨胀现象。很久以前，在宇宙大爆炸后的短短一瞬，约 10^{-36} 秒之后，时空迅速扩张了几万亿倍，直到时间指向了 10^{-32} 秒。这就像是你皮肤上的一个小毛孔迅速膨胀到银河系那么大，而用时仅是人类计时设备所能测量出的最短时间间隔的 10^{-17} 倍（约十万兆分之一秒）。

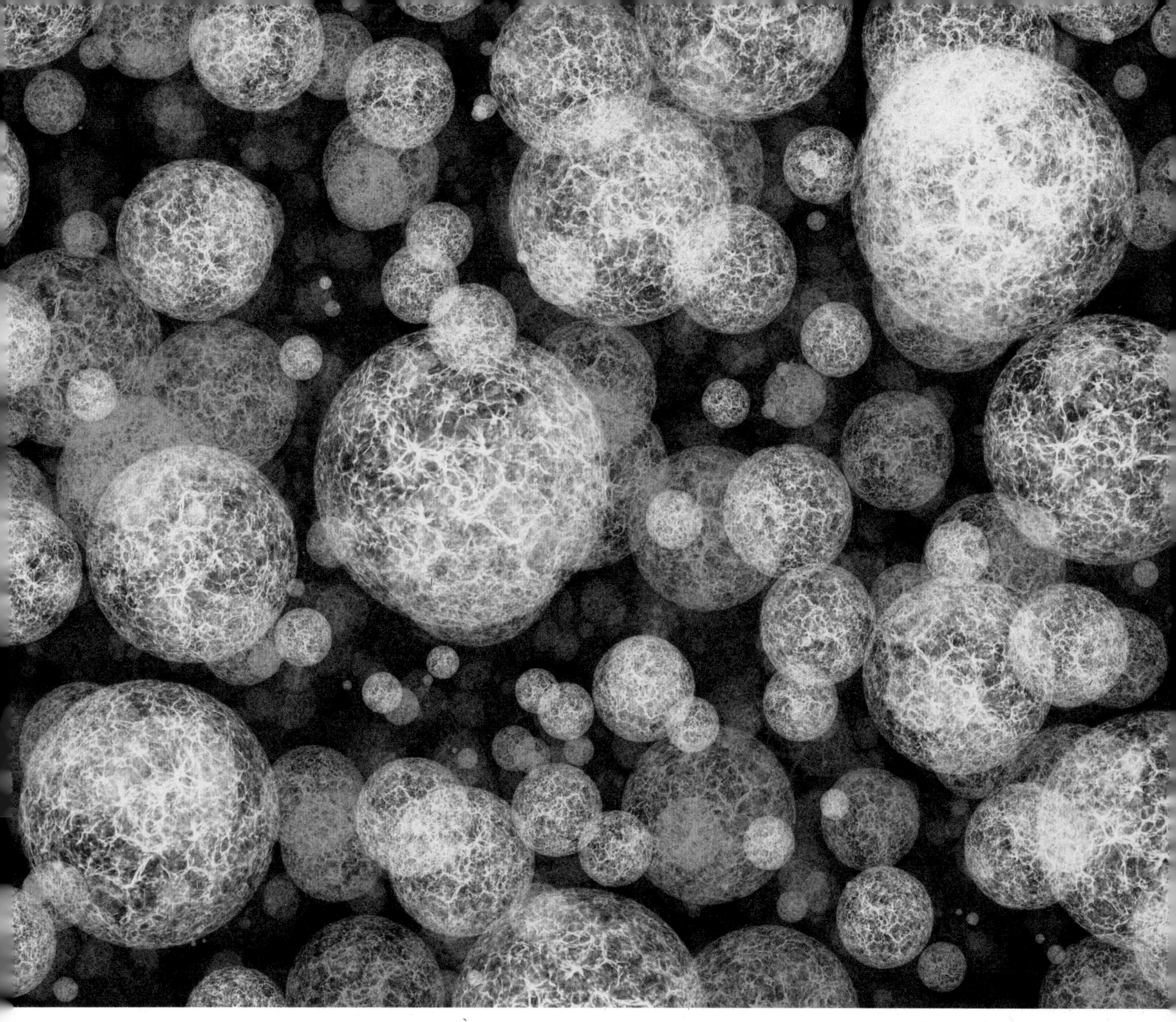

口袋宇宙

物理学家们提出了一种观点，认为这一膨胀制造出一系列“口袋”宇宙，其数量极其可观；宇宙的数量 10 倍又 10 倍地增长，直到出现了 10^7 个宇宙；有无数与我们所在的宇宙相似的宇宙，也会有无数不一样的宇宙。如果这是真的，“多重宇宙”就会孕生出其他版本的我们，演化出我们的分身。

退一步说，这种可能性会产生一些令人不安的问题。这意味着你做出的任何决定，无论好与坏，都有可能在其他地方、以不同形式被决定了很多次。这样一来，当几万亿其他版本的“我”在多重宇宙中的某个地方几万亿次捡起一片垃圾，我捡不捡起它还有什么意义呢？如果我们的宇宙只是众多宇宙之一，而并非我们曾认为的独一无二的存在，我们是否还应该花费时间来揭露宇宙的秘密呢？

让我们暂时保留这一疑惑，先去喝杯茶吧。

从遥远的天际观看

在这本书中，我们的旅程起始于人类现有的知识范畴：我们将从 10^{27} 米（an octillion meters）这样一个尺度开始我们的深潜。之所以选择这一尺度，是因为如果能够在这一刻、在宇宙视界边界之内测量宇宙的物理直径以及宇宙的范围，我们就会发现，这一数值约为 910 亿光年，更具体地说是 860 951 000 000 000 000 000 000 千米，也就是约 10^{27} 米。

如果你思维敏捷，你可能会对这一数值感到好奇。宇宙的年龄也不过才 138 亿岁，这一数字怎么会比光在已知时间内所行经的距离还要大呢？答案就是宇宙扩张，即时空膨胀。因此，在这一刻，测得的数值会比预测的要大。

事实上，我们可以绘制出宇宙视界的一面。宇宙在扩张的过程中逐渐冷却，由于光子在空间里穿梭，光波的波长延伸，并失去了能量。如果能够回到过去，我们会在回溯的过程中发现，宇宙变得越来越热，直到宇宙来到约 379 000 岁时，它的平均温度

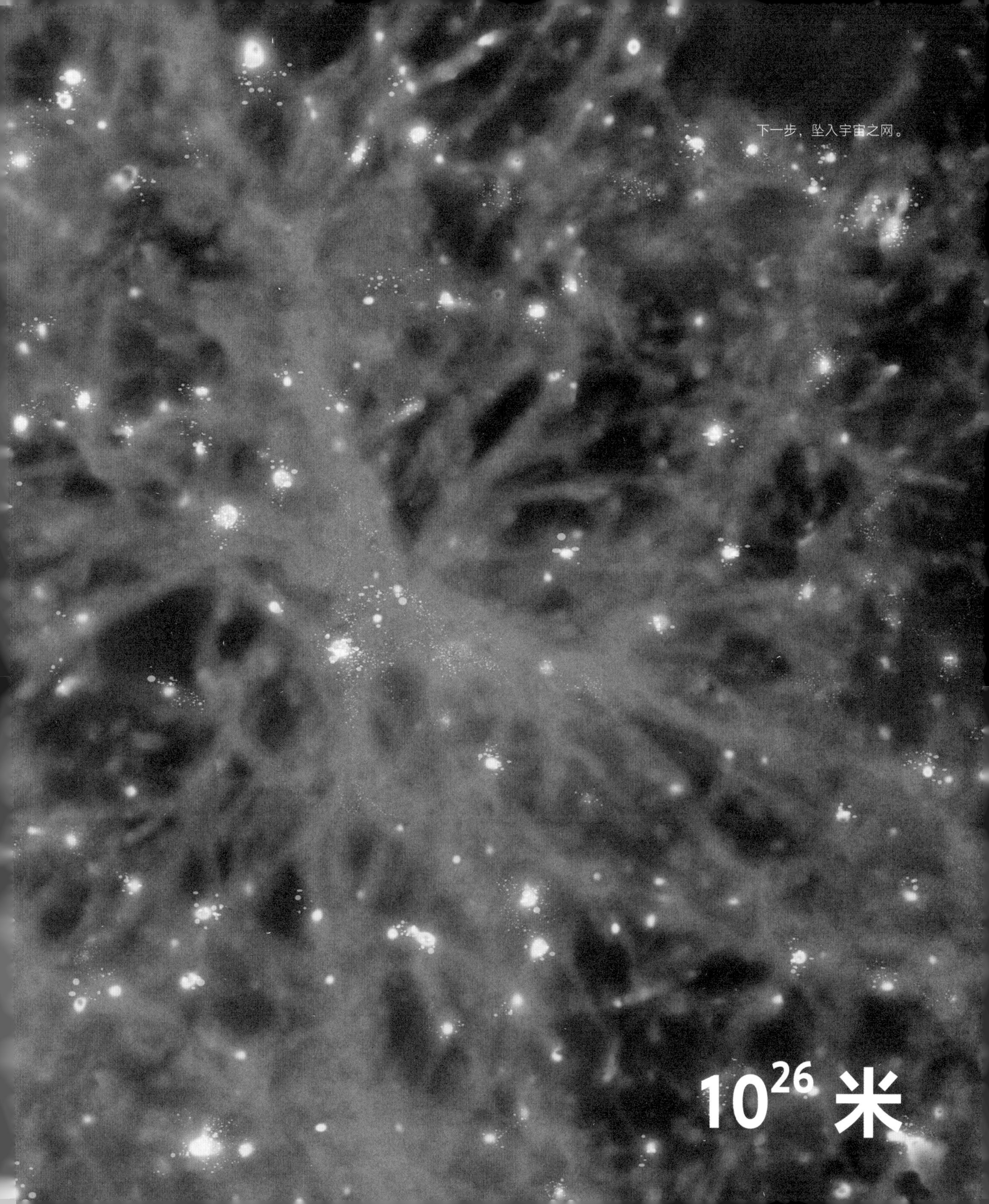

下一步，坠入宇宙之网。

10^{26} 米

高达 2 726 摄氏度（4 940 华氏度）。这个温度实在是太高了，致使电子无法被束缚在原子内。在空间中穿梭的光子不断被这些自由电子驱散开来，使得我们年轻的宇宙成了一团无法被电磁辐射穿透的“雾气”。

但很快，随着宇宙冷却，电子和质子能够结合起来，形成中性的氢原子，几乎不会再造成可见光的散射。“雾气”散开了，光子得以在不与任何粒子发生相互作用的情况下穿梭自如。直到今天，我们还能检测到这些光子，不过现在它们的波长已经非常长了，而且带有空间背景里不可避免的微波噪声。事实上，背景噪声就是宇宙视界的缩影。这就是我们所能看到的最远处。

使用最敏锐的望远镜，我们能够凝视宇宙深处，找到最早的那批恒星和星系（几乎存在于 130 亿年前）。这些尚在襁褓中的凝聚物是早期膨胀宇宙中的微小异常所播撒的种子，这里的异常是指通过拉取更多的物质而逐渐增加的引力。从这些星系雏形到与我们共享宇宙一隅的众多星系，所有这些形态，帮助我们成功地创建了这幅宏伟的宇宙景观地图。

这幅地图告诉我们，宇宙既是泡沫状的，也是由颗粒组成的，有点像是正在排空的浴缸或水槽中残留的肥皂泡残渣，泡沫的轮廓清晰可见，由一张三维的暗网及发光的物质组成。

附着在这张网上的是紧缩的凝聚物，在这里，引力远远超出时空扩张的力量，到处都是直径达几万亿兆米或者几亿光年的星系组成的超星系团。在这些超星系团中，分布着彼此截然不同的星系族群，辽阔而深邃的重力井能使几百或几千个星系群全都围绕着中心运转，此外，还有大量的热气池和冰冷的暗物质分布在距中心几千万光年的范围内。

星系微粒。

10^{25} 米

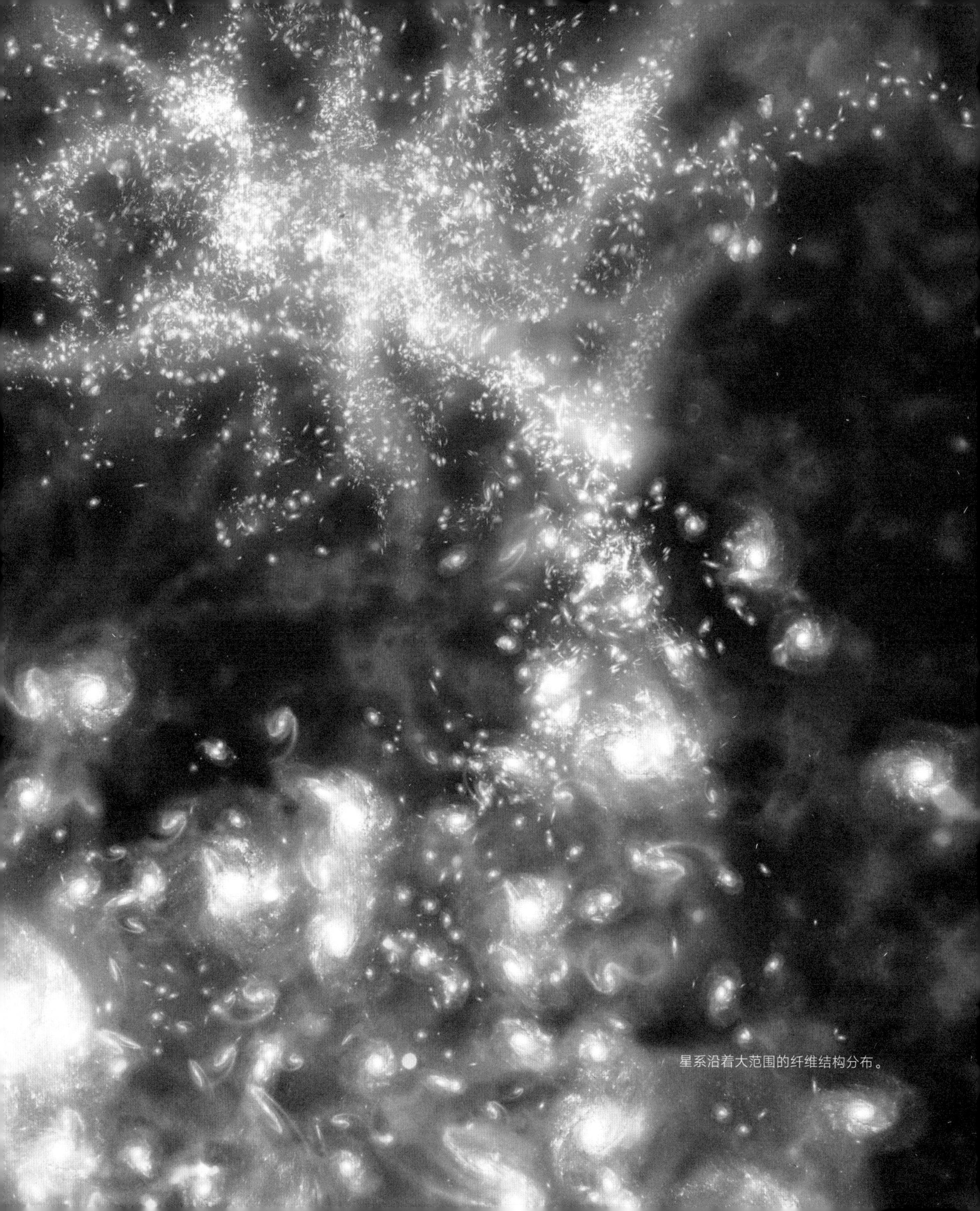

星系沿着大范围的纤维结构分布。

宇宙中有小型星系、大型星系以及超大型星系。在这些星系中，分布着密密麻麻而又极为微小的恒星和其他恒星残留物，以及宇宙中密度最大的物体：黑洞。黑洞的质量是太阳质量的10倍到上百亿倍。

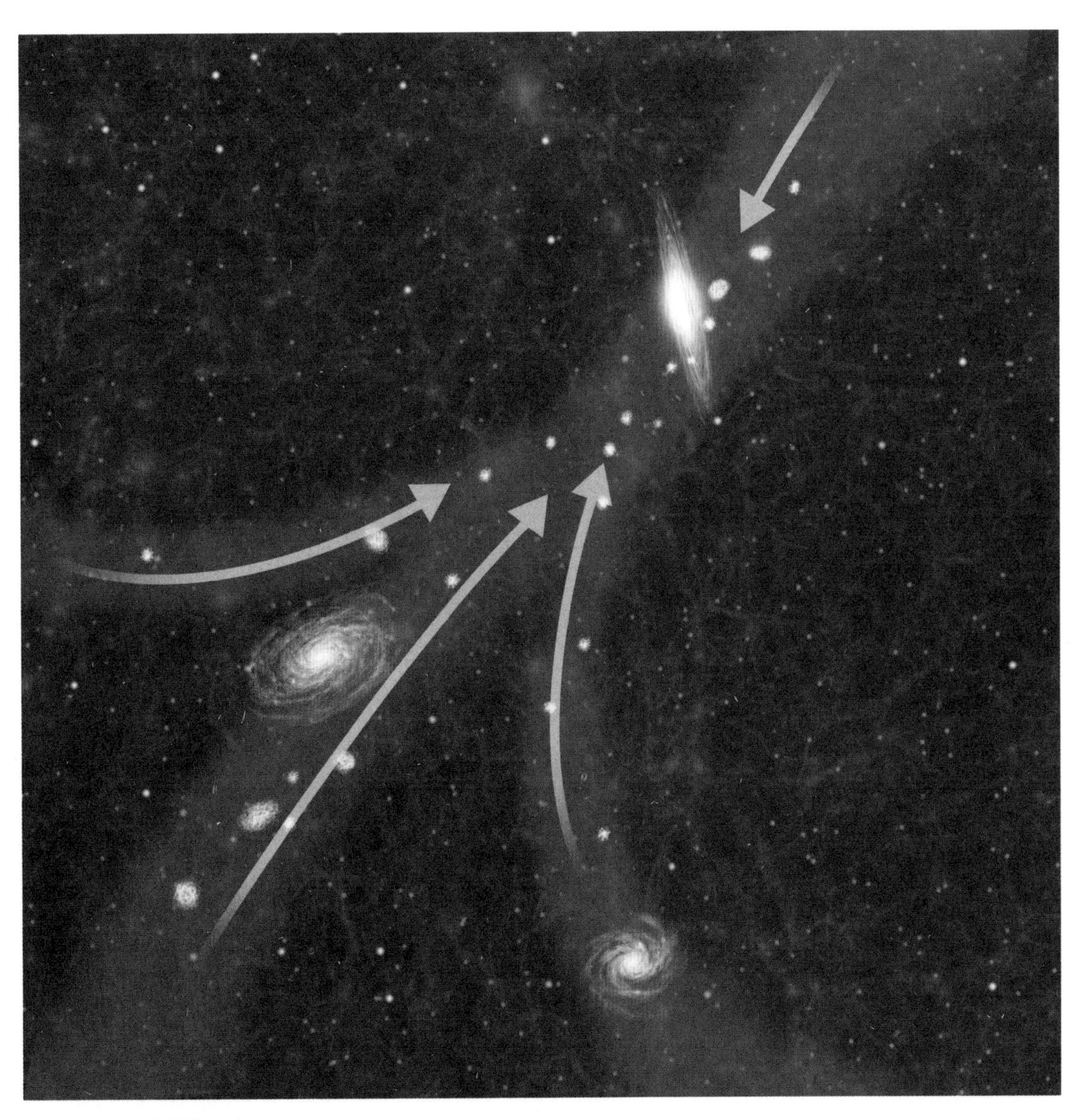

大型引力结构中的物质流。

值得注意的是，在 10^{27} 米到 10^{23} 米这段尺度的旅程中，仅仅跨越了 5 个量级，我们便能够从可观测宇宙的规模（宇宙视界）缩小至我们的邻居——本星系群（Local Group galaxies）的规模。

换一种说法，我们从一个几乎包含了万事万物的空间（拥有超过 2 000 亿个星系），来到了我们周边的一个包含 50 ~ 60 个星系的空间。

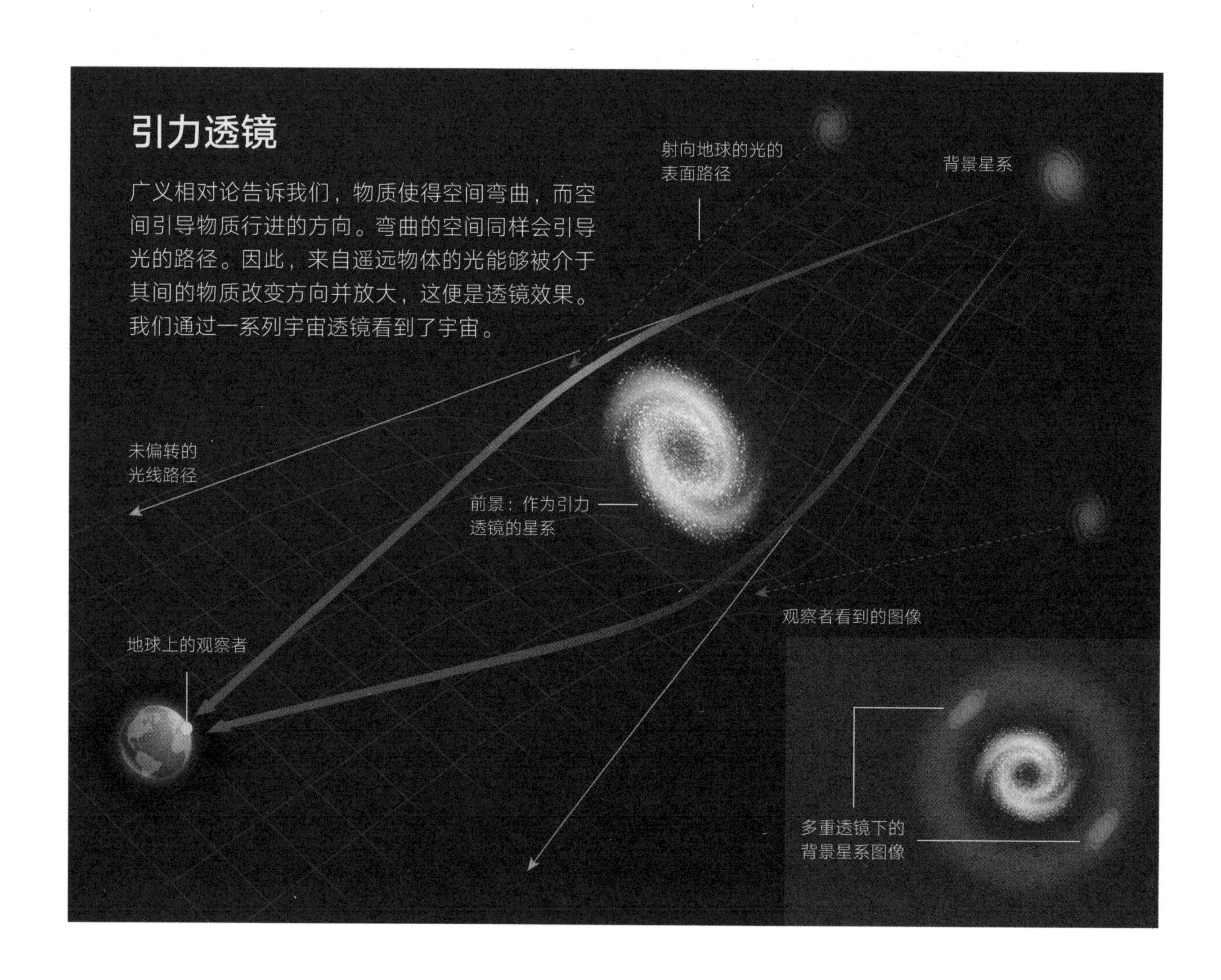

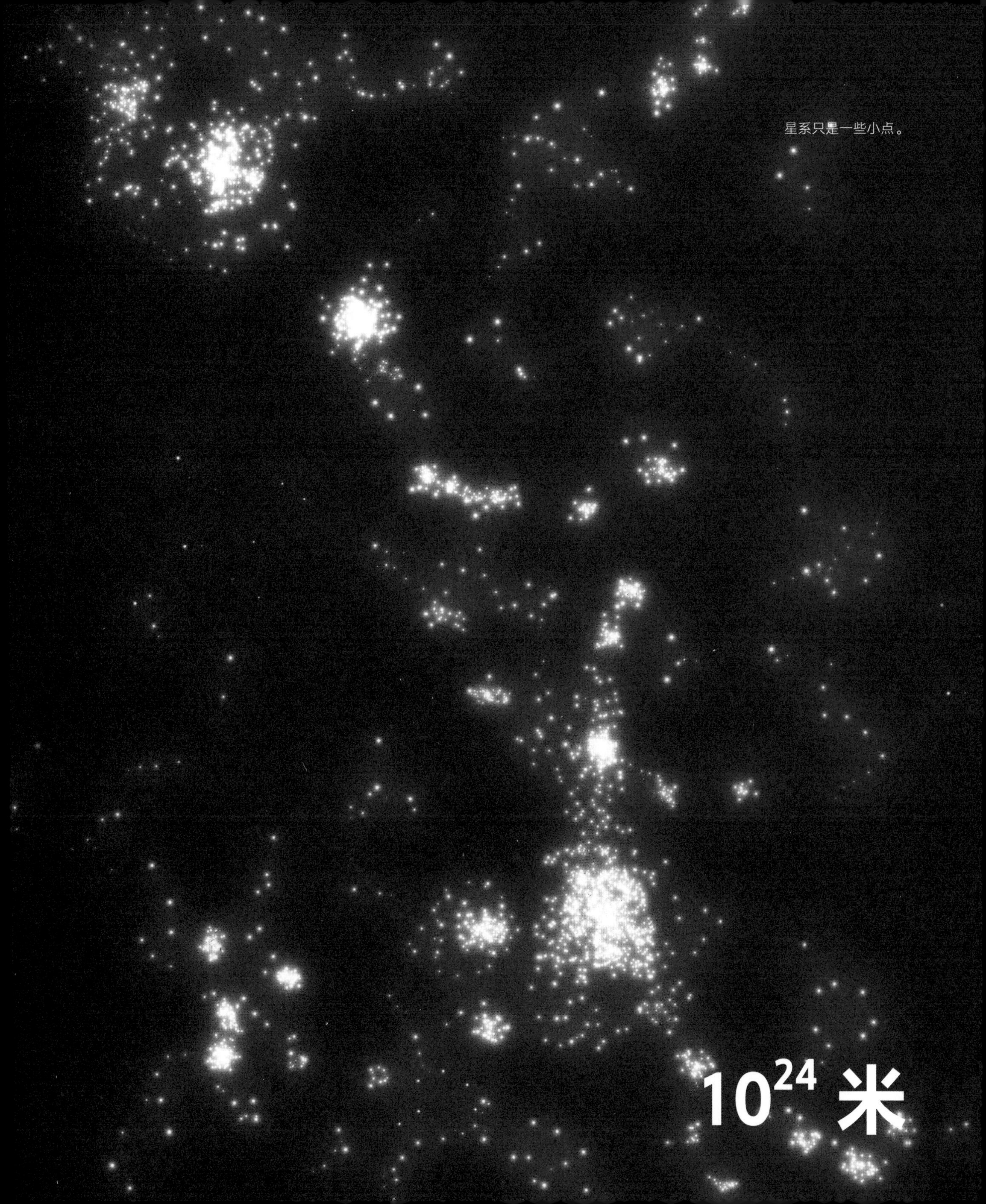

星系只是一些小点。

10^{24} 米

或者，我们可以比较一下 1 千米的距离（可能就是你早起锻炼所走的距离）和你口袋里一枚硬币的大小。这就是整个已知宇宙的跨度与其中星系的跨度之比。

此刻，你才刚踏上这趟宇宙之旅。这本书余下的部分构成了另一段旅程，其间我们需要穿越 57 个量级。你准备好了吗？那么我们开始吧！

仅仅跨越 5 个量级，我们就来到了如同硬币一般的本星系群。

我们的本星系群。

10^{23} 米

黑洞会撕裂物质，产生光线。

2

看不见的黑暗与空白

10^{22} 米，10^{21} 米，10^{20} 米，10^{19} 米，10^{18} 米
约 106 万光年至 106 光年
从 8 至 10 倍银河系直径那么大，到一个巨大的分子云那么大

设想一下，你是一个充满力量的外星生物，能够随意揉捏银河系里的所有恒星，将它们全部挤压到一起。若将这些星体之间的空余部分去除，你便能把这些恒星塞进一个边长 80 亿千米（大约是地球公转轨道半径的 54 倍）的立方体中。这个包含了 2 000 亿颗恒星的立方体刚好能放在太阳系中海王星的轨道直径内。换句话说，星系之中、恒星之间有着大量的剩余空间。

当然，物理法则并不会允许你这么做，至少不会让你万无一失地做成这件事。把这么多大质量物体堆在一起的问题在于，最终你会制造出一个黑洞。为什么？因为所有这些恒星间的引力将无可估量。然而奇怪的是，这样一个包含了 2 000 亿颗或银河系中更多恒星的黑洞，实际上比我们设想的恒星立方体要大得多，其体积大约是立方体的 146 倍。

这是因为，如果你将黑洞的最外围视为黑洞大小的测量边界，那么实际上黑洞中很大一部分的密度是相当低的。这一点可能有点儿反常，但是黑洞的大小，也就是事件视界（event horizon，即不归点，黑洞质量集结的一片区域，在这片区域内，任何东西都无法逃脱）与黑洞的质量成正比。换句话说，如果黑洞的质量翻倍，那么事件视界的半径也将翻倍。

黑洞中的致密物质会猛烈地扭曲空间和时间。

这和发生在一般物体上的情况非常不一样。比如说，将两个相同的面团揉在一起，新面团半径并非原始面团的 2 倍，而只比之前大了 26%。为什么呢？因为普通物质形成的球体半径与质量的立方根成正比，质量增加 1 倍，半径大小只增加 26%。因此，如果我们把黑洞的事件视界看作其物理尺寸的测量范围，那么位于黑洞边界的物质的平均密度就会非常低。一个质量是太阳质量 30 亿倍的黑洞，其密度可能只与我们呼吸的空气密度一样！但这种说法与我们对宇宙的理解有点出入，之前对这些物体的理解告诉我们，黑洞的全部质量实际上被压缩在一个非常小的、几乎不可见的、围绕中心无限收拢的区域内。

在体积最大的星系的核心处，在那些巨大的奇点存在的地方，情况通常也和我们预期的恰好相反。的确，黑洞是黑的，但是你可能不这么想，因为它们能够产生巨量的光线。气体、尘埃、恒星、行星以及其他某些未知的、能加速的东西，如果离黑洞足够近，就会被撕成碎片，并且被加热。从事件视界之外，直至到达不归点，能量会在这个过程中向外逃逸。如果有足量的向内掉落的物质，那么一个旋转着的黑洞便能将质量转化成能量，其效率甚至比核聚变还要高。在整个宇宙中，散发出最明亮的光的黑洞，释放出的能量是太阳能量的百万亿倍。

物质在密度被压缩到极致的情况下（比如黑洞这类情况），会让我们当中最严谨的人都大吃一惊。而在另一极端，类似银河系这样的星系中的空荡区域同样让人吃惊。

必要的空白

大部分人总会在生命中的某些时刻感受到孤独：在不熟悉的地方迷路时，独自一人在家时，或者被遗留在黑暗、恐怖的森林深处时。但是星系际空间（intergalactic space）和星际空间（interstellar space，也就是星系之间或者星系某些部分的恒星之间）确实是你所能遇到的最孤独的两个地方了。在这些“跨区域”环境中，安全区的跨度非常非常长，其间几乎没有任何东西。

如果你是一个倒霉的宇宙搭便车旅行者，正站在银河系的恒星之间，你的身体就会呈现出一种物质集中的状态，密度大概会是围绕在你身边的星际空间密度的 1 亿兆倍。换句话说，看看你的小手指头：这么点儿地方就包含 10^{23} 个原子。而这一数字，正好是 1 亿立方千米的星际空白中的原子总数。

最终，作为一个被滞留在原地的旅行者，你稍稍有点释怀了，毕竟在宇宙中，你也算挺特别的了。如果你随机地把一个图钉钉在可观测宇宙地图上，它只有极小的可能性会被钉在一个像你的身体或是任何行星、恒星那样富含物质的地方。

星系中的奇怪空白引发了一些其他的有趣特质。假设两个星系发生了碰撞（大概在 40 亿年内，银河系和其临近星系仙女座就会发生碰撞），在一个如此大型的事故中，恒星本身会撞到一起去吗？不，并不会。与它们之间的广阔空间相比，恒星实在是太小了，根本不可能撞击在一起，即使它们巨大的母星系正在缓慢地穿过彼此。

在星系与星系接近时，物质的引力作用会扭曲和破坏星系的形状及星辰的运行轨道，但另一方面，就像是两群虫子或者鸟迎头相遇一般，这些小星星会直接从彼此之间的空隙处溜过去。

星系际空间的物质稀疏度甚至比星际空间的更加极端。若是被困在星系际空间（比如从银河系到邻近的仙女座星系的旅途中），你需要压缩的体积至少是星际空间的 100 万倍，才能使其中的物质和你身体内的物质数量达到同一级别。

最坏的情况下，你正好位于星系际“空白”处，那么这时需要压缩的体积可达星际空间的 1 000 万倍以上。在星系之间、物质呈网状分布的一些地带，几乎没有可发光的物体存在。泡沫一般的宇宙空白跨度能超过 3 000 万光年（约 3×10^{23} 米）。在这些区域，物质的密度甚至小于宇宙平均密度的 1/10，这使得这些地方极度压抑，除非你享受这样的空无一物。

但这并不意味着这些空白是毫无用处的，事实远非如此。在这些地方，空间的扩张实际上会更快一点，因为这里没有那么多物质产生的引力。因此，宇宙空白能够“自我清洁”，将物质堆放在它们的边界处，也就是推到周围密集的星际空间里。这样的话，它们就能直接将物质聚集起来，送到明亮的星系和恒星网里了。

视野中的我们的星系。

10^{22} 米

本星系群内部。

我们的（略微有点功能失调的）星系家族

明亮的星团和星系组群中的个体并非孑然一身，它们彼此之间的距离只有大约 300 万光年，或者 3×10^{22} 米。举个例子，从银河系的中心到下一个最近的大型星系——仙女座（也称梅西耶 31 或 M31）的中心，距离相对没那么远，这一“鸿沟”约有 250 万光年，或者 2.5×10^{22} 米。

也有证据表明，仙女座周边有一片稀薄的等离子云（由正离子和电子组成的气体），这片等离子云向外延伸的距离约有 100 万光年（10^{22} 米）。这是一种非常轻薄的物质，凭借人类的感知是无法将其与真空区分开来的。但在这一气体混合物中，某些组成部分的温度约为 100 万摄氏度，包含碳和硅，以及氢和氦。我们目前还不知道银河系是否有类似的光环。

银河系（远远的左侧）与同一比例下的仙女座。

我们已经发现，银河系引领着一大群更小的卫星星系。其中拥有最多恒星的是我们熟悉的大、小麦哲伦云，它们是一对不规则矮星系，分别包含约 300 亿颗和 30 亿颗恒星。但在 150 万光年的距离之内，至少还有 30 个矮星系存在，大部分都位于围绕银河系的轨道上。

我们也发现这并不是一个完全幸福的家庭。这些矮星系的轨道会导致它们自己的恒星被引力拉走，从而被剥离出去，进入围绕银河系的巨大“潮汐流”（tidal streams）中。这些恒星残骸区是了解星系成长的线索。一个大的星系有时会用几十亿年的时间来蚕食自己的小伙伴，从而增加自身重量。

这些围绕着银河系的潮汐流极其黯淡，因为它们仅表现为分散在星系空间鸿沟中的一小部分恒星。然而，灵敏的望远镜所获得的数据能够揭露它们的存在。一个绝佳的例子就是人马座星流，这是一个宽阔而混乱的恒星环，环绕着银河系，不停歇地游走。

这种星流也能够揭露银河系引力场的基本形状。从这个角度来说，恒星的轨迹便是天然的引力探测器，其测量点位散落在几万、几十万光年的范围内。

这些测量也是一种强有力的提醒，点明了作为宇宙核心谜题的一个事实：在一个类似银河系的结构中，可见的、明亮的、由正常物质组成的恒星、气体和尘埃只不过是一小部分组成物罢了。在我们的星系中，暗物质的数量大约是正常物质数量的 10 ~ 30 倍。

什么是暗物质？研究单个星系的运行是解决这一难题的好方法。目前最受推崇的答案就是，暗物质是一种亚原子粒子，仅通过引力和弱力相互作用，而且这种物质并不会反射或吸收电磁辐射。

显然，与其他亚原子粒子相比，暗物质粒子数量极多。暗物质的特性可总结为一个首字母缩略词："WIMPs"，即弱相互作用大质量粒子（Weakly Interacting Massive Particles）。"弱相互作用大质量粒子真实存在"这一理念符合很多宇宙测量结果，包括已推断出的星系和星系团的引力场、引力透镜的观测，以及宇宙微波背景辐射模型。问题在于从未有过任何弱相互作用大质量粒子被直接检测到，有很多仅针对地球的实验仍在积极地寻找它们。或许并不存在什么暗物质，不过是我们对引力本身的性质理解得不够完整罢了。

古老的银河系

不管是否有弱相互作用大质量粒子，我们的银河系都是个了不起的典范，它展示了宇宙是如何收集物质的。银河系横跨 100 000 光年（约 10^{21} 米）的距离，包含总质量相当于太阳质量 1 万亿倍的可见物质和暗物质，可谓是一头猛兽。

这个扁平的、飞碟状的星系是时间的产物，而这段时间是一个引力下降、能量散逸、角动量守恒的过程。

从宇宙中一颗流浪行星的地平线上升起的银河系。

10^{21} 米

星系动物园

星系可以如动物物种一样分门别类（根据不同的历史以及不同的恒星、气体、星际尘埃混合的情况予以分类）。这些“物种”也在大小和恒星数量上跨越了好几个数量级。

I 兹维基 18
直径：
5 200 光年

大麦哲伦云
直径：
14 000 光年

Arp 133，
闵可夫斯基天体
直径：
25 000 光年

M104，草帽星系
直径：
50 000 光年

银河系
直径：
100 000 光年

ESO 350-40，车轮星系
直径：
150 000 光年

NGC 1316，天炉座星系 A
直径：
220 000 光年

NGC 6872
直径：
520 000 光年

已知螺旋状星系中
最大的一个

武仙座 A
射电端距长度为
1 500 000光年。

一个巨大的椭圆星系，中心为超大质量黑洞，喷射出接近光速的粒子。

IC 1101
直径：约 6 000 000 光年。

已知的最大星系，包含多达 100 万亿颗恒星，坐落在阿贝尔 2 029 星系团中心，距离我们 10.27 亿光年。

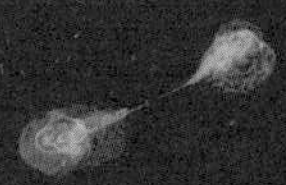

同一比例下武仙座 A 的大小，以作对比。

星系与恒星潮汐流的冲撞。

还有其他一些明显的线索可以追溯银河系的过去，比如更古老恒星的中央核球（central bulge）。这些古老恒星之间的距离比银河系中太阳周围恒星的间距更近。在这接近银河系几何中心的地方，恒星的空间密度大幅上升。在距离中心 300 光年的范围内，恒星的数量比太阳附近任何指定空间区域的恒星数量的 100 倍还要多。如果再向内前进一点，恒星密度会继续上升，甚至达到一个难以想象的峰值：恒星密度会比我们惯常认为的高 100 万倍。

这意味着恒星间的距离是用光周（light-weeks，约 10^{14} 米）而不是光年来计算的。在这种环境下，任何行星的天空都会充满明亮的光点。如果我们住在星系核心深处，夜晚的天空将会布满 100 万颗如天狼星般明亮的恒星，这些恒星用比我们熟悉的满月时的亮度还要亮 200 倍的星光照亮了整个世界。

在这个明亮的核心深处，坐落着一个神秘的区域。这里有一个由气体、尘埃和恒星组成的圆环状结构，围绕在范围仅有几光年的星系中心周围。这个圆环结构笼罩着一个黑洞，也就是所谓的人马座 A。这可是一头怪兽，质量大约是太阳质量的 400 万倍，它将自身紧紧地包裹住，形成了一个不断聚集物质的旋转圆盘。

但这只不过是银河系的一个特殊部分。古老的银河系是一个无序而又复杂的地方，在这里，超过 2 000 亿颗恒星用它们的方式环绕或者穿越可怕的引力井和星际垃圾。银河系最具标志性的特点就是其明亮的旋臂。这些旋臂是不断移动的区域，是炙热而明亮的新恒星形成的地方。与这些旋臂相关的是围绕在星际圆盘周边的恒星及气体密度缓慢发生的改变，像是涟漪一般。从这方面来说，银河系和其他类似星系的宏大结构，多多少少带有些虚幻的色彩，这是广阔而相对温和的物质波造成的结果。

在我们的附近，也就是距离银河系中心 26 000 光年（2.5×10^{20} 米）的地方，恒星沿轨道运行，需要 2 300 万年才能绕行银河一圈。我们认为太阳目前正处于绕行银河第 20 周的旅途中，或者说是第 20 个“银河年”（galactic year）。但我们邻近的恒星并不完全与这一运动同步，恒星更像是稍微有些混乱的鸟群。

接近银河系中心。

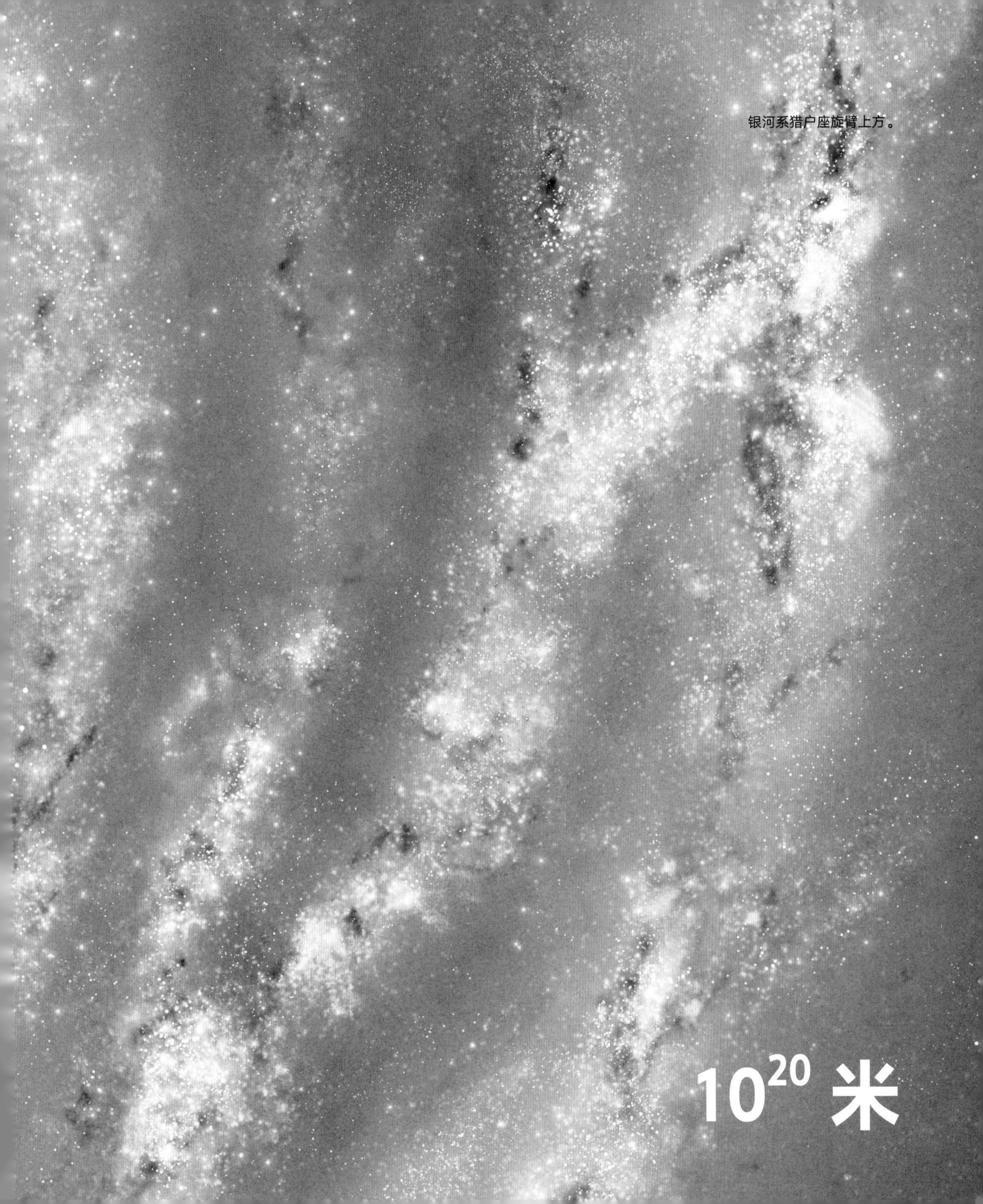

银河系猎户座旋臂上方。

10^{20} 米

靠近银河系中心的一颗行星。

银河系外稀疏的恒星、星云及流浪行星。

围绕在我们身边的恒星以几十千米每秒的速度在不同的方向上飘移着。随着时间的流逝，这种运动会产生一些混乱，所以今日离我们很近的东西可能在百万年前并非如此。事实上，我们并不知道在45亿年前，恒星群中与我们的太阳一同诞生的其他那些“太阳”现如今在哪儿。可能它们仍在某地组团，也可能彼此相距甚远。

10^{19} 米

我们邻居的时间机器

人类历史被地球发出的光裹挟着，快速进入了宇宙。从附近的恒星到仙女座，我们的星系邻居随着地球之光的行进路线，目睹了我们故事的每一个阶段。

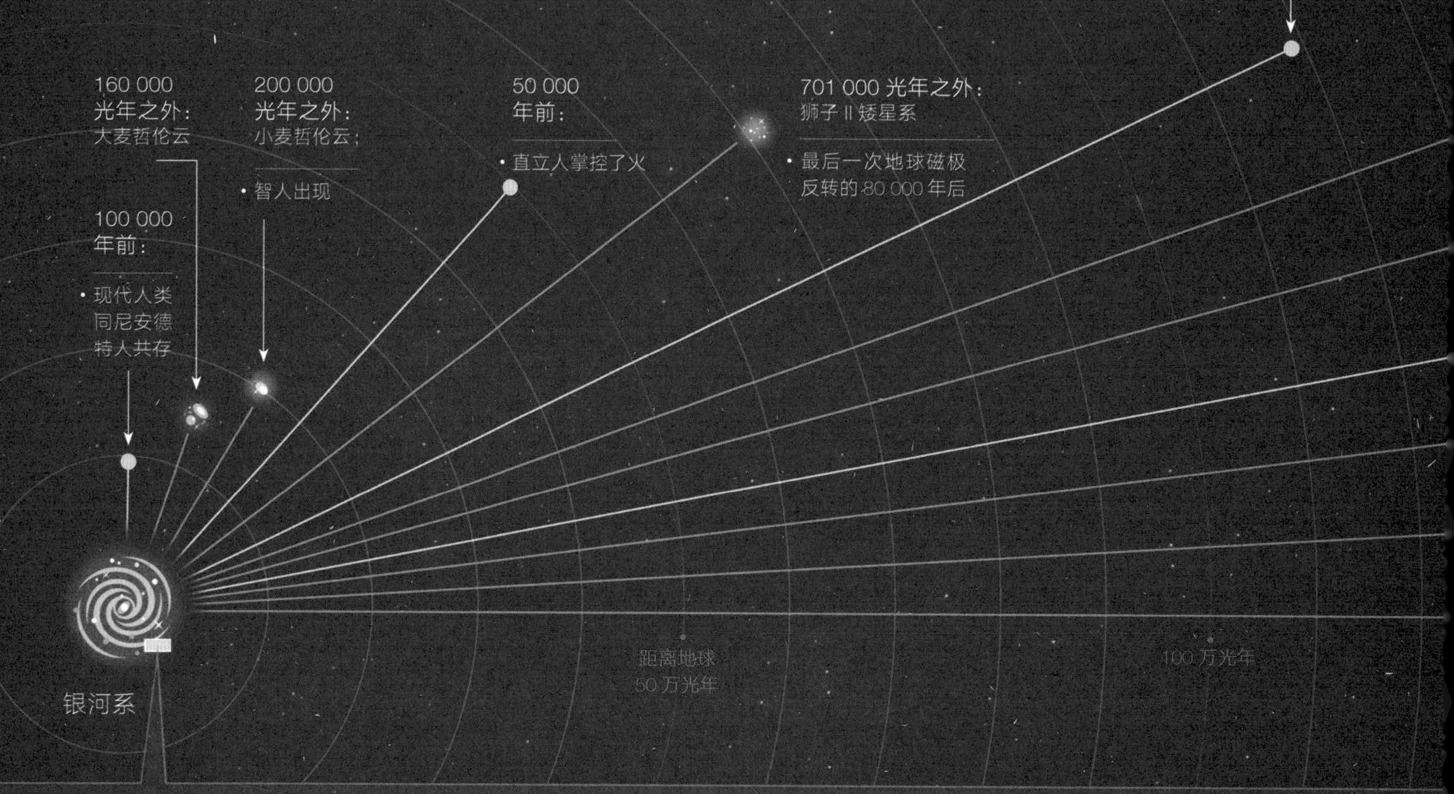

更近的视角

在我们周围 100 光年以内有约 10 000 颗恒星。
过去 100 年内发生的所有事（世界大战，物理学、生物学、基因学上的突破，太空探索，各种发现，社会变迁，艺术和音乐）可能都被几千个与太阳类似的恒星上的生命一一目睹着。

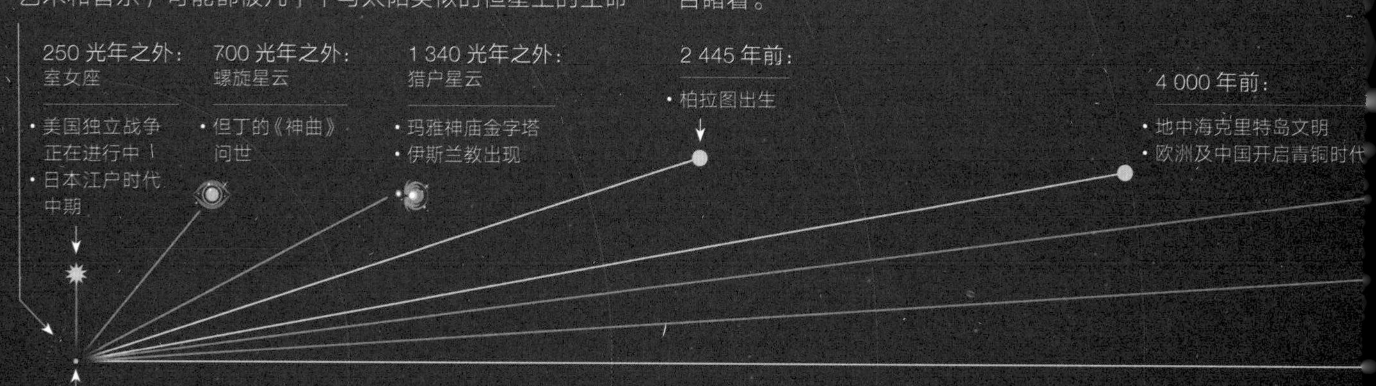

144 万光年之外：
凤凰座矮星系

- 石制手斧开始使用
- 能人灭绝
- 麦克雷兰峰（McClellan Peak）的熔岩流进内华达

163 万光年之外：
巴纳德星系

- 中国的蓝田人（直立人亚种）出现
- 地球磁极反转
- 石制工具存在

200 万光年之外：
NGC 185 星系

- 大型食肉动物的多样性下降
- 已知最大的黄石火山喷发 10 万年后

190 万年前：

- 直立人亚种出现

220 万光年之外：
NGC 147 星系

- 能人使用工具
- 太阳系穿过超新星遗迹

256 万光年之外：
仙女座星系

- 更新世时代开始
- 地球上多次冰河时代开始
- 南方古猿开始活跃

150 万光年　200 万光年

6 500 光年之外：
蟹状星云；

- 原始印欧语将于 500 年内出现
- 人类开始酿造啤酒

9 000 光年之外：
第谷超新星残骸；

- 旧石器时代结束
- 中国开始栽培水稻
- 全新世开始

10 000 年前：

- 全球人口约 400 万

6 000 光年　7 000 光年　8 000 光年　9 000 光年　10 000 光年

今天，我们住在银河系里一个相对不那么显眼的地方。在距离我们 50 光年的范围内，有约 130 颗在夜晚裸眼可见的恒星，以及至少 1 300 颗比较黯淡却能被望远镜检测到的恒星。这并不是很多，甚至听起来易于掌控，范围也相当有限。然而我们人类这样的物种在过去的 4 万年里还不能到达离我们最近的相邻恒星。这样说来，我们就是星际荒原上的一座孤岛。

随着旅程的继续推进，我们会探讨这个孤岛是否值得一游。

姊妹恒星，45 亿年前。

在中心处，那很难注意到的，就是我们的太阳。

10^{18} 米

3

万物，过去和现在

10^{17} 米，10^{16} 米，10^{15} 米，10^{14} 米
从大约 10 光年到 92 光时，或者 668 天文单位（astronomical units）
从星云的大小到奥尔特云的内缘大小

组成你的原子在 50 亿年前广泛分布于宇宙之中，其分布范围大约是现在的 1 000 万倍。对于组成你周围每个人和每件事物的原子来说都是如此，从你手中的这本书，到你冰箱里还没吃的芝士，以及邻街吵闹的邻居；组成太阳系中每一颗流星、卫星和行星的原子也是如此，甚至太阳这个热核球体本身的构成粒子也是这样。

我们所有人都曾经在漫无边际的星际空间中飘荡。在你体内任何一个细胞里的 1.8 米长的 DNA 链中筑巢扎根的这些特定原子，很有可能在宇宙的历史中第一次聚集得如此紧密。

这是怎么形成的呢?

简单来说，我们都是经过压缩的。宇宙的基本物理性质就是促成一系列原子和分子聚集在一起，而这些原子和分子曾经占据着比如今大 1 亿兆倍的空间。

由于粒子间复杂的相互作用（由引力、电磁力、量子物理及亚原子物理导致），所有这些微小的成分各自找到了凝聚在一起的方法，形成了恒星、行星、卫星、小流星、吵闹的邻居、冰箱里的芝士以及你和这本书。

这种物质的聚集形成了人类这一物种所代表的量级，也形成了地球和太阳那一量级，这在当今的宇宙中多少有些特殊。正是在这一物理范围中，一系列连贯而又相当复杂的结构得以形成。也是在这一范围中，宇宙内物质的 4 种基本状态（固体、液体、气体和等离子体）可以共存。此外，若不是形成了小小的人类，我们所处的这方微小的宇宙天地绝不可能创造出，或者

物质的状态

物质的组成物（离子、原子、分子）能够以不同的方式组织起来或表现出来，我们将其称为物质的“状态”（或阶段）。物质在微观层级上发生的事经常会导致更大层级上的天壤之别：从固态的冰或铁，到奔流的河水，再到行为古怪的中子星。

常规状态

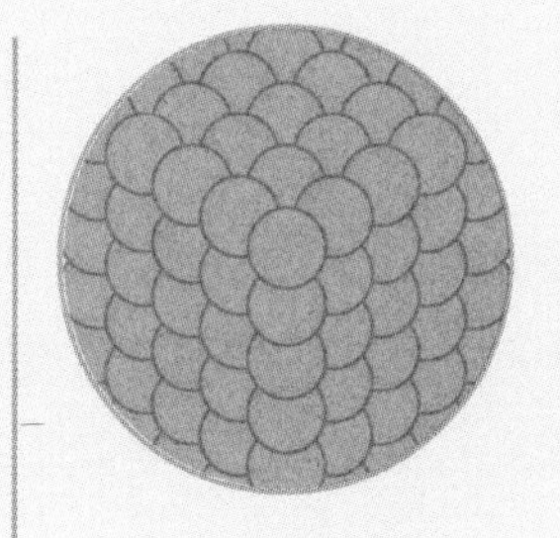

固体

组成单元紧紧地聚合在一起，并与另外的组成单元形成固定的空间关系（暂且不考虑这些单元所进行的小小的热振动）。固体的例子包括有序结晶固体，比如金属、钻石和冰；非典型固体包括非晶态固体，比如某些聚合物、塑料、煤和玻璃。

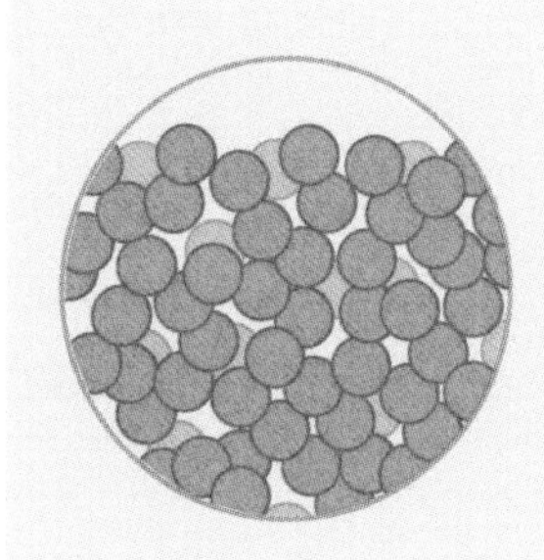

液体

组成单元关联紧密，但没有固定的秩序。液体能够改变外形并且流动。

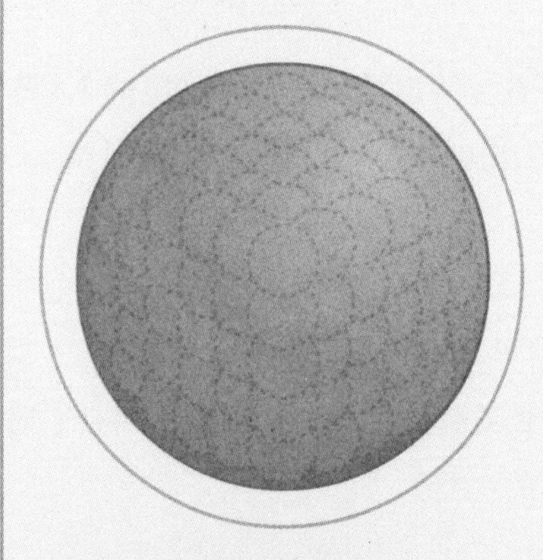

玻色–爱因斯坦凝聚体

将某些物质，如氦原子降温至接近绝对零度，它们便能够聚集成一个单一的量子实体。单个的原子失去自身特征，成为“超级原子”的一部分。只要条件合适，甚至光子也能形成玻色–爱因斯坦凝聚体。

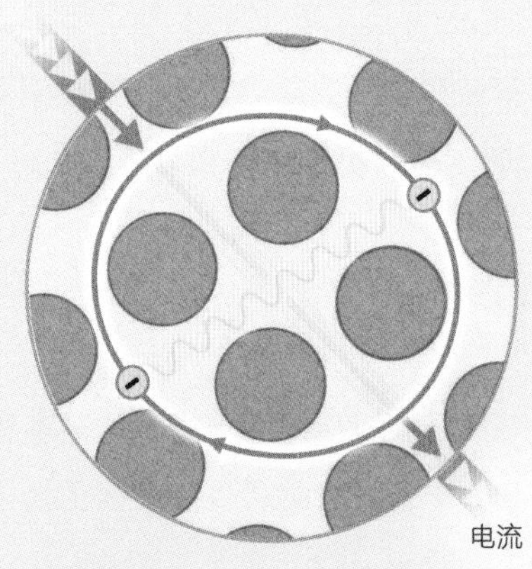

超导体

将某一元素，如铌降温至 –264 摄氏度，它会变成零电阻超级电导体。在封闭的环内，电子能够永不停歇地循环。人们预测，有些中子星是超导体。

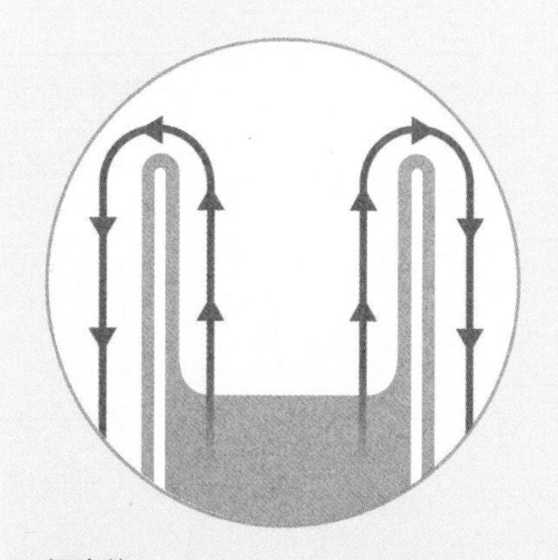

超流体

一种无黏度的液体，能够流过自身。搅动一下超流体，它就会永无止境地流动。超流体液氦还能够爬出容器，从分子大小的孔隙中逃出。和玻色–爱因斯坦凝聚体及超导体一样，超流体能够存在于中子星中。

说再现某些物质状态，例如粒子对撞机中的夸克–胶子等离子体这样的超高能态，或者像实验室里的玻色–爱因斯坦凝聚体这样的超低能态，以及低温超流体和超导体等，不一而足。

天体物理学的圈子

当我们的太阳系在大约 50 亿年前开始凝聚时，这样的事并不是第一次发生。138 亿年前，宇宙从一个微小、密实、炙热的点开始膨胀。与太阳系的凝聚相似，那似乎是个极为枯燥无味的过程，但并非完全如此。结果，宇宙中少许最不完美的部分开始拉扯自身，让自己脱离宇宙膨胀的基本状态。

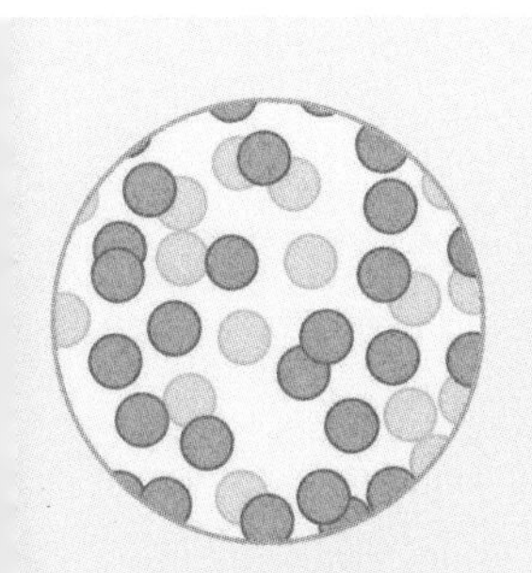

气体

由能够自由移动、没有紧密相关性的单元组成的可压缩流体。气体的黏滞性较低，能够膨胀、填满可用空间。

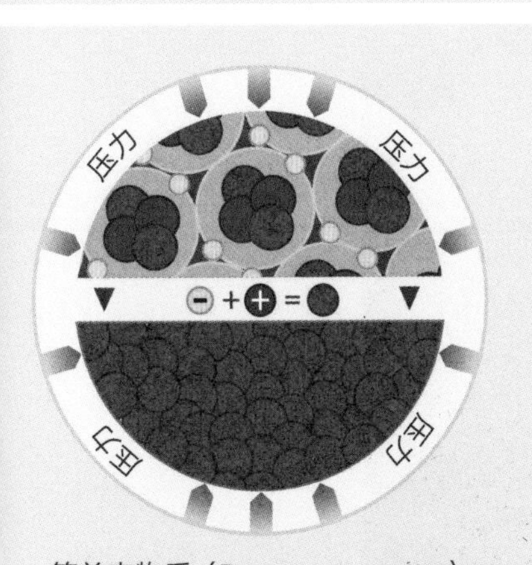

简并态物质（Degenerate matter）

在极端高压或低温情况下，物质的组成物（如电子）能够填充所有的可用量子能量级。在这一情况下，一种被称为“简并压”的反压力产生了。简并态能够出现在中子星的中子中，防止它们塌缩成黑洞。

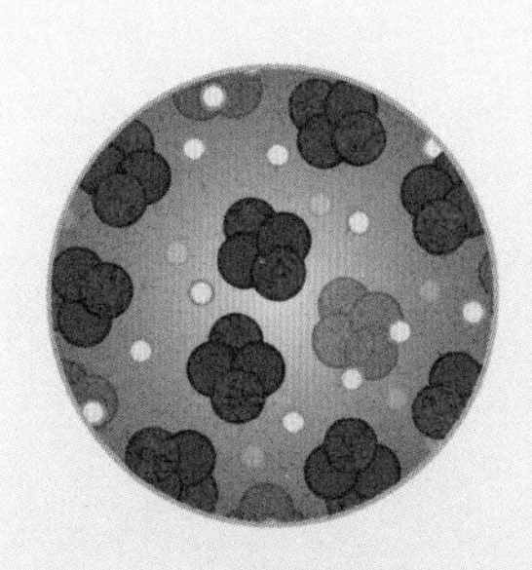

等离子体

与气体有相同的特质，但由于组成部分是被离解电子的海洋包围着的带电离子，因而具有导电性。

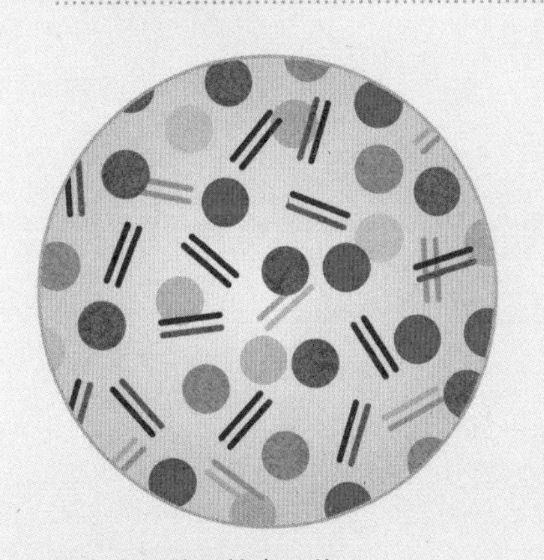

夸克–胶子等离子体

在超过 10 000 亿开尔文下形成的类似液体的夸克和胶子浆。在宇宙早期及粒子加速器中，质子和中子能够融化，形成这样的液体。夸克–胶子等离子体是一种几乎无摩擦的液体，若温度更高，便可能成为一种气体。

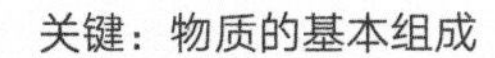

关键：物质的基本组成

原子

原子继续分割

原子核

中子

质子

电子

原子核继续分割

夸克

胶子

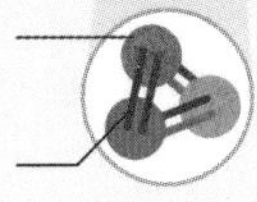

这些不完美的部分是如何脱离宇宙膨胀的呢？通过引力。它们中的一部分，是那些物质密度比周围平均密度稍高一点的地方。给定一个足够高的密度，自引力（一片区域的重量）就能够阻止这一空间的膨胀。这样一种“自拉力”（质量扭曲自身周边时空的现象）足以克服基本的宇宙膨胀趋势，并使得暗物质和正常物质得以聚集。

但是物理总是难以捉摸的。如果气态的正常物质聚拢在一起，或者更准确地说，落在一起，形成的物质会将引力势能转化为热能。换句话说，它变热了。这使得引力聚集物质和热能压力分散物质两种运动间形成了竞争。在适当的环境下，如果物质冷却得足够快，引力就能够将之聚集成高密度的聚合物。

大爆炸后的 1 亿年内到底发生了什么，至今仍是个谜团，但似乎在这一时期，初代巨型恒星和初始星系结构开始形成。这些早期的恒星对于宇宙第一批重元素的形成来说很关键，并且

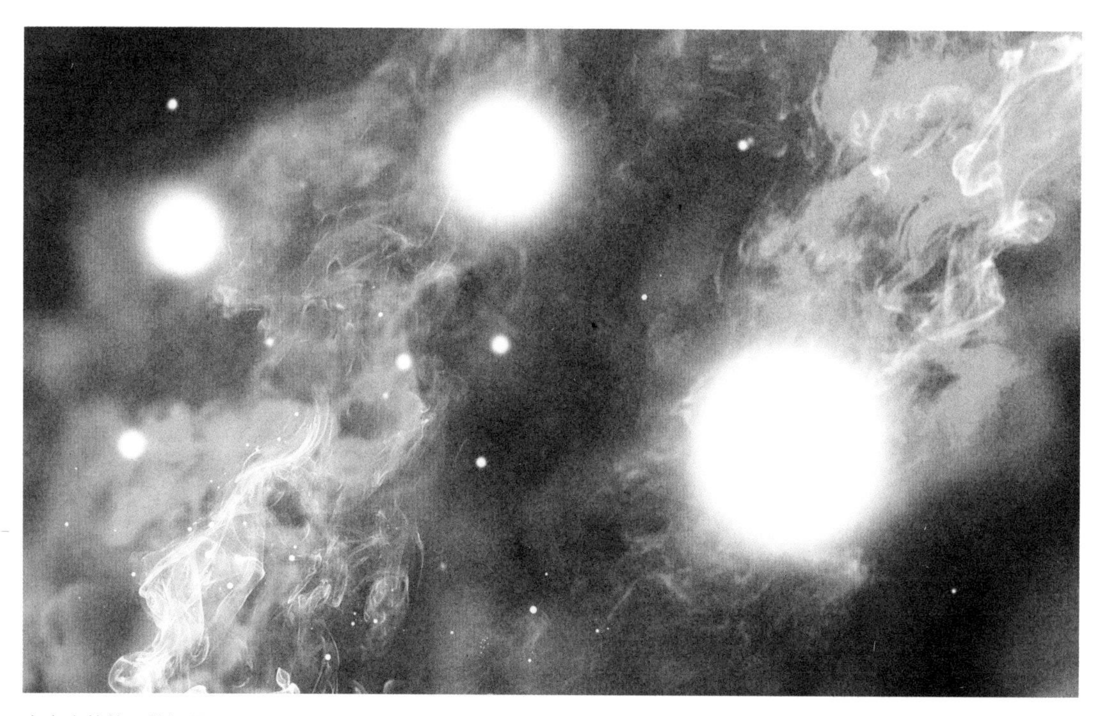

宇宙中的第一批恒星。

在恒星随着年龄增长、膨胀及爆炸而被扔至星际空间的过程中发挥了重要作用。

就像是幼苗的优质肥料一般，少量的重元素开启了气体冷却的新篇章。这是释放热能的过程，同时也减缓了新的聚集物和结块的形成速度。造成的结果就是，之后的几代恒星在大小上有着很大差异。

某些结局凄惨的恒星，比如超新星，也触发了星际物质的快速崩塌，或者使星际物质在凝聚和分散的边缘摇摆不定。一颗爆炸的恒星会向星际空间持续不断地放射出气体和粒子冲击波，由此释放出的种种不稳定催生了新的聚集物。

这些早期的物质群开创了物质循环的先河，并一直延续至今：星际间的物质聚集到一起，某些物质聚集得足够紧密，从而形成了恒星（以及行星大小的星体）。恒星热核中的核聚变创造了越来越多的重元素，几百万年到几十亿年以后，那些恒星向虚空中放射出混合元素，通常只留下恒星残骸，这些残骸就是白矮星、中子星甚至黑洞。这些密度极高的凝聚体通常意味着终点，在这里，物质将会就此停留。

几十亿年间，几千亿颗恒星经历了许多次这样的循环，使星际空间被这些重元素缓慢地侵占，这种侵占柔和而微妙。即使到了现在，相比宇宙之初就存在的氢和氦那庞大的数量，这些新元素的数量也是微不足道的。碳、氧、氮、硅这类元素，以及我们周围的其他所有重原子元素，几乎只占据正常物质的 1% ~ 2%，而且它们大部分存在于星际空间或星系际空间的稀薄气体中。

宇宙中也存在少许尘埃。这种尘埃是微观的，由硅酸盐或富含碳的化合物组成，直径小于千万分之一米。这些尘埃是超新星爆炸时排出的残余物，由衰老恒星的大气层和星体内部经快速冷却而形成。

在银河系这类星系的轨道旋涡中，由恒星物质构成的最紧实的积聚物可在星云中看到：点缀着星际银盘的分子云。宇宙中有几千处星云区域。一部分体积最大的星云如今正赶在星系物质偏离轨道及其引力拉扯将星云中的污垢一扫而净之前，积极地制造新的恒星。

恒星爆炸。

我们可以重现太阳系的大部分史前历史。这些线索来自对遥远的宇宙，以及毗邻家园的宇宙空间的观察。同时，我们通过窥探宇宙不平凡的过去所留下的微观残留物，发现了一些极为重要的事实：一些元素和放射性同位素深深嵌入了落在地球上的远古陨石中。

所有这些事物，为我们带来了睡前故事，也为所有这些睡前故事带来了终结。

从过去到现在

很久以前，在大约 45 亿年前，银河系中有一片富含物质的星云，其中一块大小和密度正合适的区域开始向内移动并凝聚。正如所有类似的情况那样，一颗临近的恒星爆炸所产生的力，使它跨过了自身的引力边界。在星云的其他部分，恒星的生死循环已持续了很长时间。在周围，有几颗刚形成或即将形成的恒星，还有更大质量的恒星短暂地存活，然后年纪轻轻就已灭亡，在与其核心可能发生的核聚变链进行了一番竞速之后，便作为超新星而爆炸。

不管这一区域中的气体压力造成了多少阻力，也不管星际磁场引起了多少太空压力，引力想方设法获得了胜利，并导致越来越多的星云物质聚集到一起。这种凝聚物的物理特性根植于引力、角动量、热力学这一类规则，但同时也容易产生棘手的、混沌的行为。

物质逐渐聚集到一起后，能够形成怎样的形状和几何结构就是关键了。气体和尘埃的混合物凝聚成一个逐渐增长的、中心为球形的核，同时向外飘溢，形成一个巨大的轨道形圆盘。这个圆盘复杂而动荡，其边沿不断扩大。通过圆盘的气体和尘埃在其内旋转，充斥着其核心。新鲜的星云物质也从一个巨大的双面漏斗的顶端和底端一起进入，充斥着这一圆盘，这个漏斗的两端到圆盘中心的距离比如今地球到太阳的距离还要大几百倍。

内核是一个由温暖气体组成的快速旋转的球。这个内核将会随着自身的增长，旋转得越来越快，直到毁灭。但在很多情况下，在短短几万年内，旋转涌入的混合物和不断增大的形如恒星的核会放射出炙热的、高速的物质激流，从中心球体新近形成的南、北两极喷射而出。

我们的星云温床，在几十亿年前宽约 10^{17} 米。

天文学家称之为原恒星喷流（proto-stellar jet），这是一束跨度至少可达 1 光年的粒子激流。这些喷流全力冲入每一片挡在其前进路上的星云，引起冲击波，使热物质的正面发出光芒。这种流出物有助于调整内核，释放出一些角动量，否则原有的角动量会将内核撕碎，并使之收缩得越来越小。

如今的太阳。

10^{17} 米

太阳系这颗“蛋”的出身：一团气体与尘埃构成的紧实的结。

一直以来，大圆盘的周身物质自身经历着变化。在圆盘内部深处，在温度各异、化学成分不同的各个分层之下，由尘埃及分子组成的微尘形成了。起初在微观层面，它们被旋转的气体不断冲击着。随着它们一次又一次地扫荡周边环境，原先那些气体的冲击加速了它们的增长。这些不断增长的聚集体，有时就像尘团般，尺寸从几厘米增加到几米，甚至更大，有些就像是沿着山坡直滚而下的雪球。它们变得越大，就能扫荡越多的物质，这一过程能让它们轻易地在距离今天的太阳更近处的景象。

10^{16} 米

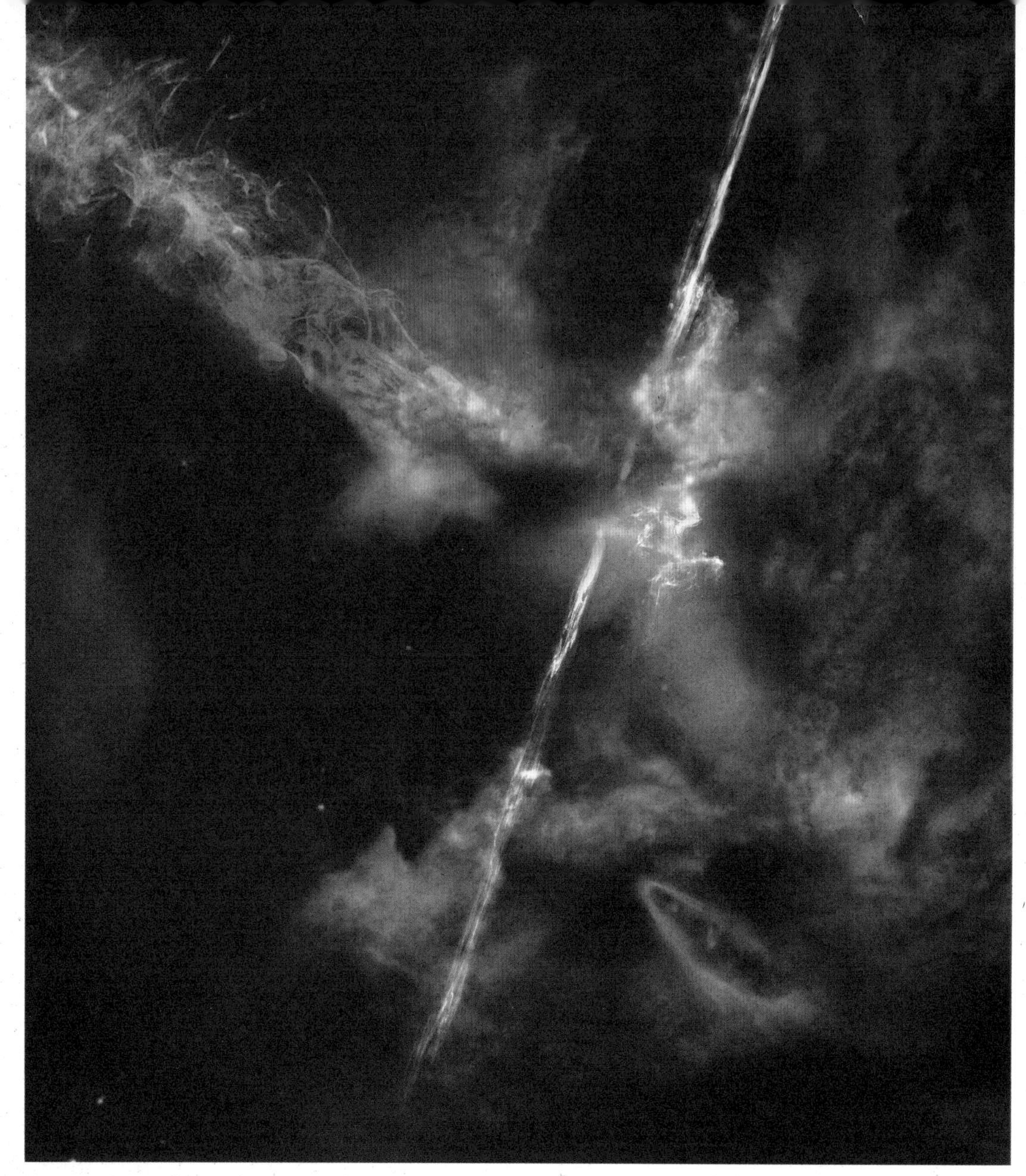

一颗原恒星喷射出的气体进入太空，经过长达 10^{15} 米的距离。

几万年的时间内把直径扩大到几百千米。我们将其称为微行星和原行星。

然而随着时间的流转，膨胀的圆盘表面被紫外线摧毁。这些光线来自其他年轻的恒星以及炙热的中心原恒星核。它的作用是使物质衰减消失。

我们视野中的太阳。

10^{15} 米

清晰可见的原恒星盘，直径达 10^{14} 米。

这种物质聚集又丢失的循环行为使得大圆盘从厚厚的、四处扩散的气体与尘埃，变成了松散的固体，并释放出原子和分子。在远离原恒星核心的地方，在那些更寒冷的区域中，有行星雪线（planetary snow line）存在，在这里，水冰（形成巨型物体的重要组成部分）开始形成。我们在此处找到了尚处在襁褓之中的木星、土星、天王星、海王星，以及晚些时候会在别处出现的其他大型行星胚胎。

太阳的星际（黄道）尘埃所形成的薄雾，前景是行星形成过程中的小行星残骸。

10^{14} 米

太阳系的诞生

当物质自行聚集并进行压缩时，恒星与行星在星际空间中聚合而成了。这并不是一个简单的过程，其中引力对抗着热能和电磁能。没有完全一致的两个系统。

原恒星喷射机
高速向外喷出热的、不断加速的物质

触发点
一大片星云中的一部分开始出现引力不稳定的现象，这可能是路过的超新星震荡波所致。由此，星云向内部坍缩，形成了一个物质圆盘。

1 暗云

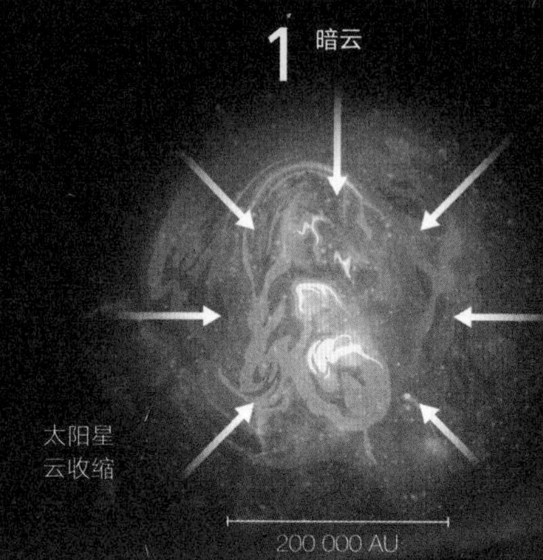

太阳星云收缩

200 000 AU

2 引力塌陷
时间：0

恒星会在中心处诞生

行星会在圆盘中诞生

10 000 AU

原恒星
气体和尘埃在中心不断扩大的球形区域内凝聚。

纯粹的气体圆盘

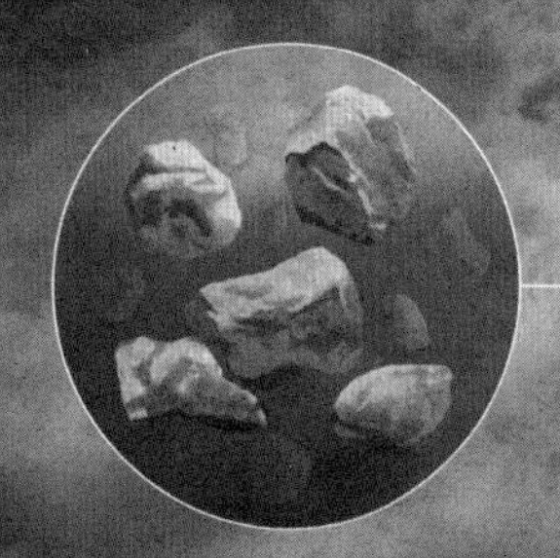

温暖的温度使得金属、岩石等物质在系统靠里一些的地方凝结。

到恒星的距离（AU*）

0 AU　0.03 AU

寒冷的温度使得水冰、干冰和更多的物质在系统外围区域形成。

*AU：天文单位，指地球到太阳的距离，约 1.5 亿千米。

太阳和世界的形成

原行星盘充满了各种结构、流体和活动。它喇叭形的外部和明亮的中心恒星创造了高温、汽化且变化复杂的区域，这影响了行星构成要素的合成方式和后续发展。

3 **原行星盘**

10 万年到 300 万年

气体与尘埃结构可能存在了几百万年。

炙热的离子区域

温暖的分子区域

外部圆盘
（质量储备）

寒冷的中间地带
（行星形成区域）

内圈的尘埃

100 AU

10 AU

0.1 AU

由金属和岩石构成的类地行星

行星碎片圆盘

巨大的、主要由气体构成的行星

25 AU

我们的行星系统

大部分气体要么挥发了，要么凝聚成了行星。轨道上的尘埃和固态群继续合并、碰撞并干扰对方的运动。行星系统总是处于变动的过程中。

4 **巨行星**

300 万年到 5 000 万年

5 **年轻的太阳系统**

5 000 万年

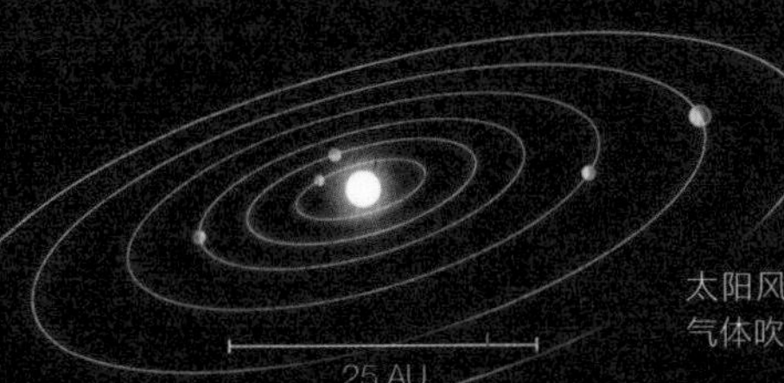

太阳风有助于将残留的气体吹进星际空间。

同时，在内核的引力井深处，球形凝结物到达了收缩中的一个关键节点。这个物体的内部温度开始升至 100 万摄氏度以上。当温度达到 1 000 万摄氏度时，它就会变成一颗真正的恒星，同时其中心将闪耀出第一次核聚变的光芒。

自星云物质的漂流入侵开始，时间已经过去了几亿年。而从原恒星还是一团气体时开始，所用的时间更少，大约过去了几万年。用宇宙的标准来说，恒星与行星的诞生不过是一夜之间的事。

目前还没有一个完整的故事能告诉我们，太阳系中的行星和地球自身是如何形成的。我们的行星和其他以岩石为内部结构的天体是在太阳系诞生过程的晚期才出现的。这些天体在原行星一次又一次的碰撞中受到了粗鲁的对待。

这是一个粗糙的、随机的过程，抛出了众多至今依然悬而未决的问题：我们的太阳系过去是否有一些行星位于水星轨道以内？地球上的水是从哪儿来的？为什么没有产生更多的水？火星为什么这么小？为什么地球的运行轨道几乎是个圆形？月球真的是因为一次大碰撞而形成的吗？在太阳系的最外缘，到底有着怎样的行星天体？

如果能够解决这些问题，那么人类不仅能更好地理解自己的起源，理解自己如何在宇宙中形成，还能搞清楚类似的故事如何在其他恒星系统中持续上演数亿年。而这就是关键，因为随着旅程的继续，我们马上就要面临一个最大的难题：该如何面对宇宙？

地球吸取原行星的碎片。

PART 2

$10^{13} \sim 10^{-1}$ 米的 15 个宇宙：生命存在的现实世界

4

行星的生存家园

10^{13} 米，10^{12} 米，10^{11} 米，10^{10} 米，10^{9} 米
从约 9.3 光时到 100 万千米
从当前地球—冥王星距离的 2 倍到地月距离的 3 倍左右

让我们在晴朗的夜晚走出房门，向着天空挥舞一下手电筒，接着回房间美美地睡上一觉吧。第二天早上，你向宇宙释放的光子已经奔袭了大约 100 亿千米的距离（10^{13} 米）。

只需要一个手电筒，只需要一晚 9 小时的安然睡眠，你就成了宇宙设计师，送出了光子消息，穿过了海王星的轨道。即使是并不明亮的冥王星，那个遥远的、由冰层与岩石组成的球体，与地球间的距离也比你释放的光束所行经的距离近 20 亿千米。

在这 10^{13} 米范围之内，是太阳系中的主要行星所占据的轨道区域，所有这一切，已经被拥有毛茸茸小脑袋的灵长类动物默默关注了几千年。我们并不能用肉眼看到所有行星，因为海王星和天王星超出了人类视力所及范围，但木星、火星、金星和水星对地球上任何视力良好的生物（不论是昆虫还是狒狒）来说都是肉眼可见的。

仅凭太阳系的主要行星沿着一定范围的轨道运行这一事实，并不能推断出其他系统也建立在同样的尺度范围之上。然而纵观银河系，在考察类似的轨道分布时，我们能够找到各种星际同胞：双星、三星系统、四星系统、伴随着白矮星或者黑洞的恒星、多颗中子星相伴的系统，

从阋神星（位于海王星之外）上看到的海王星轨道。

10^{13} 米

冥王星的天空及其卫星卡戎；太阳远在 44 亿千米以外，是一颗晦暗的恒星。

从海王星的卫星海卫一上看到的蓝色海王星。液氮间歇泉从低温冷冻的卫星表面喷发出来。

以及其他各种奇异的构成，甚至连宇宙中众奇点之王者——超大质量黑洞的事件视界，也拥有同样的尺度范围。

这样的尺度能够让我们深入观察宇宙用正常物质和能量所生产出的密度最高的凝结物。这是个奇怪的现象。我们已经知道，当生成恒星和行星的星际污垢蔓延至 10^{13} ~ 10^{14} 米远，在这一时期，引力开始将物体聚集在一起，过剩的能量将向外传播，留下的是广阔无边、空荡荡的空间。

然而，填充这些空隙的是行星，是铁元素、岩石、水和气体。接下来，对生物来说，行星可能是宇宙中最多姿多彩、复杂多变的天体了。没有哪两颗行星是完全相同的：穿越太空的轨道不同，旋转方式和方向不同，大气、云层、雾气、地层、海洋或大陆、糊状熔融的内核也各有差异。所有这些特质始终是不一样的。

而现在，得益于 20 世纪晚期出现的一系列卓越技术和天文学进展，我们了解到，在太阳系甚至整个宇宙中，行星的数量至少与恒星一样多。事实上，行星数量或许还要多得多——宇宙中充满了系外行星。

系外行星

银河系中大部分恒星都被行星围绕。此处用图表描绘这些天体，便于我们将太阳系纳入宇宙环境中。

宜居带

行星表面的温度区间取决于从太阳那里获得多少辐射，以及行星大气层、行星旋转、轴向倾斜及其他细节。如果某颗行星表面可能有液态水存在，那么我们就将该行星称为“宜居”行星。

不寻常的太阳系

原始系外行星轨道距离的估测数据（以空心圆表示）显示，大部分星系中，行星与主恒星（右下）的距离要比太阳系中行星与恒星的距离近得多，不过观测偏差是存在的。太阳系不仅没有（其他星系那样）更靠近主恒星的内部行星，而且拥有体量庞大的外侧行星（如木星），我们的星系并不是一个具有代表性的行星系统。

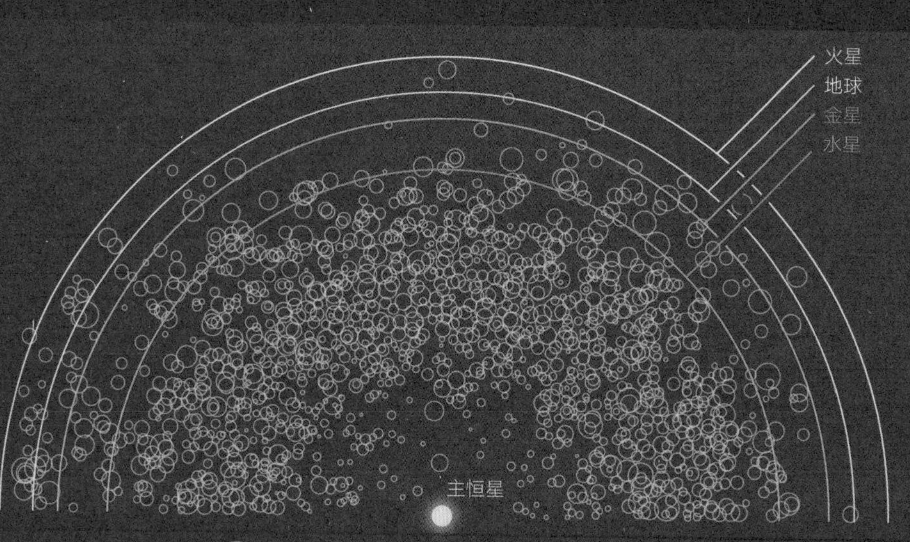

缩放至相对恒星大小；以对数尺度从中心绘制相对距离。

高质量行星

木星大小
（大部分为气体）

1 000

10 000

潜在的宜居系外行星

越来越多的系外行星能够满足宜居的基本标准。按照宇宙法则来说，它们中的一些与我们的世界很接近。

1 528

发现的概率

8

1998 2016

地球大小

比邻星 b，距离地球 4 光年

卡普坦 b，13 光年

沃尔夫 1 061c，14 光年

GJ 667C c，22 光年

开普勒 -186 f，561 光年

开普勒 -1229 b，770 光年

开普勒 -442 b，1 115 光年

开普勒 -62 f，1 200 光年

系外行星（截至 2016 年 11 月 30 日）

所有理想对象	5 454
已证实的行星	3 544
具有多样系统	597
和地球质量相当及更小	12

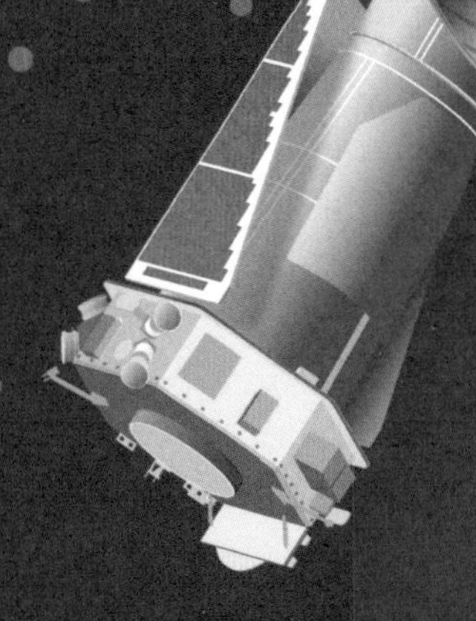
开普勒天文望远镜

这是距离我们最近的系外行星吗？由于比邻星 b 的母恒星是一颗红矮星，所以它可能拥有一片布满极光的天空。

若要寻找与地球大小相似、化学和热学状态或许也颇为相似的地方，那么统计推断告诉我们，太阳系外大约有 15% ~ 40% 的恒星能够产生这样的世界。这是个令人震惊的预测，它意味着纵观整个可见宇宙，我们轻轻松松就能找到几十亿兆颗利于生命栖息的岩石星球。

抛开这些种类丰富的星球不说，岩质小行星仅代表着众多可能存在的、彼此迥异的行星形式之一。一些行星体积过大，可被当作恒星；还有一些星球是其他行星的卫星；甚至有部分星球在引力的作用下，从环绕其母恒星的轨道中弹射出去，漫步在冰冷的、死水一般的星际空间中。理论上，这些“荒原狼”式的行星可能保有大量温暖的水。紧紧将水锁在其内部，使之与外界隔绝开来的，是一层厚厚的外冰层和氢气层。在外冰层及氢气层形成后，内部的绿洲将会在接下来的几十亿年内持续存在。

宇宙中有很多气态的巨型星球，其中一些星球在巨大的原始氢元素与氦元素“斗篷”的笼罩下，有着紧实的、由铁与岩石构成的内核。像这样的行星，其轨道距离母恒星几十亿千米，行星外围是寒冷的，内核却相当炙热。它们的内部压力能够使物质的状态与地球脆弱的地表截然不同。正如木星那般，气态巨行星的内部压力是如此之高，导致氢会呈现出金属般的状态。

行星分类

行星的构成元素与内部结构是多种多样的。对这些更大的星球而言，引力是造成其内部分离及分层的关键因素，而宇宙环境改变了其外观。从炙热行星到冰冷星球，行星“动物园”里充斥着不同的种类。

炙热的土星（蓬松的行星）

尺寸：非常大

例：HAT-P-1b

密度非常低。大气层因恒星辐射和磁场加热而膨胀。

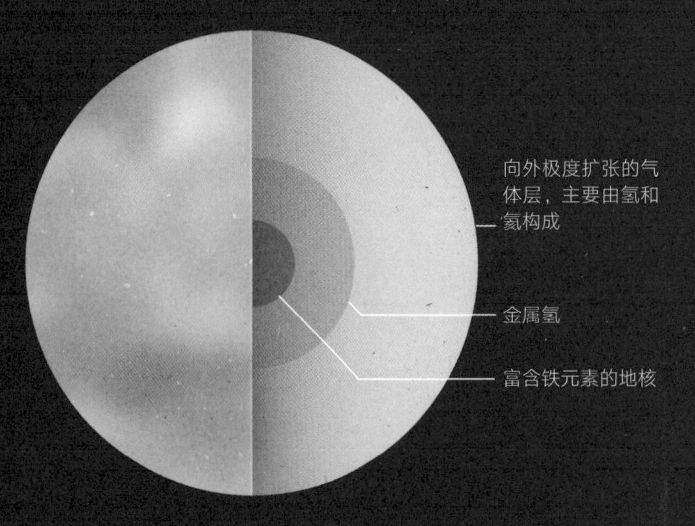

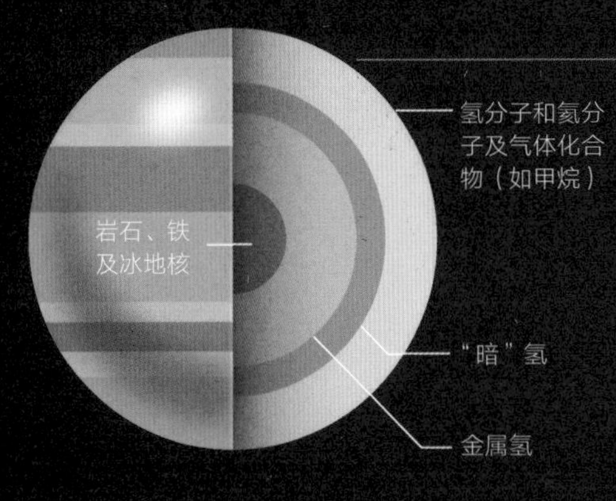

气态巨星

尺寸：大　例：木星

内部情况目前尚不明晰。中心压力超过 4 000 万大气压，温度近 40 000 摄氏度。

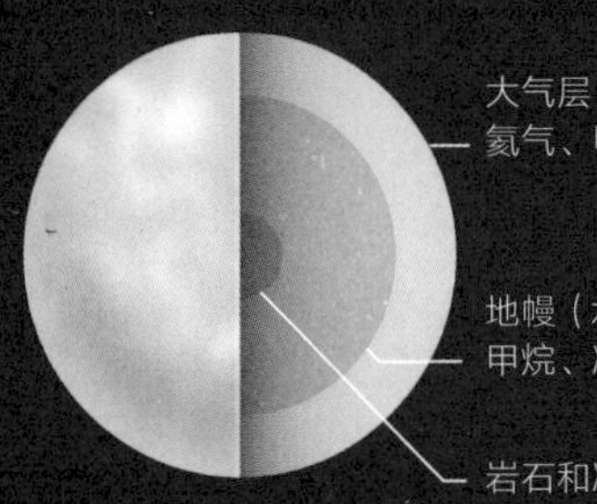

冰态巨星

尺寸：中等偏大　例：海王星

最初的海王星质量约是地球质量的 17 倍，半径约为地球的 4 倍。

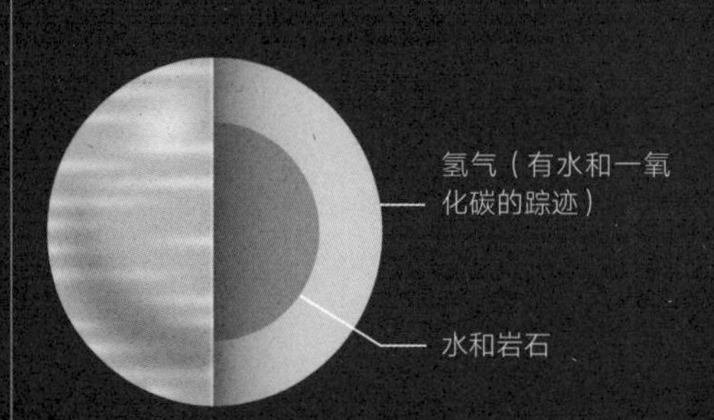

氦行星 / 温海王星

尺寸：中等偏大　例：格利泽 436 b

可能由冰态巨星轨道靠近其母恒星，导致氢气蒸发而形成。

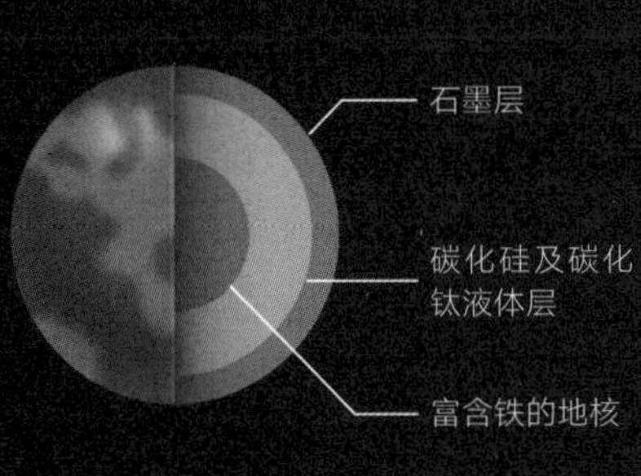

碳行星

尺寸：中等　例：55 CANCRI e

可能由富含碳、含少量氧的原行星盘形成，可能包含钻石层。

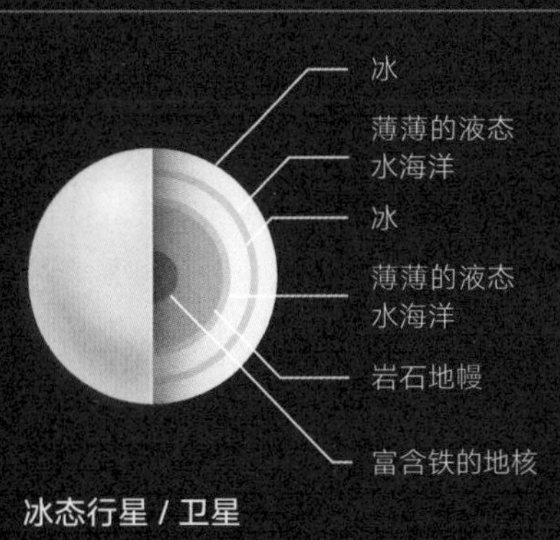

冰态行星 / 卫星

尺寸：中等偏小　例：木卫三

有着厚厚的冰冻水地壳，可能在某层或多层结构上含有液态海洋，海水因岩石核和潮汐而温暖。

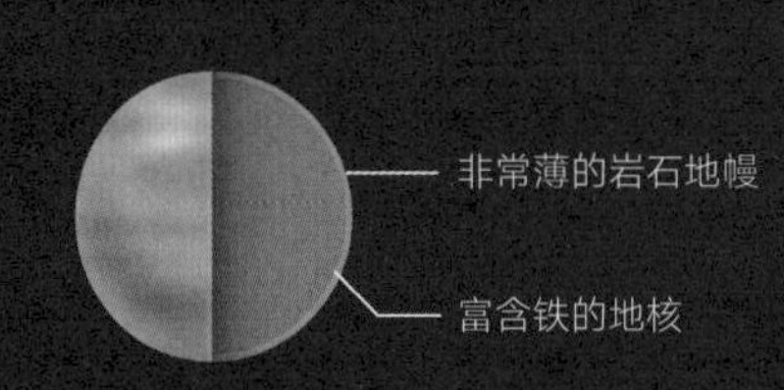

铁行星

尺寸：小　例：开普勒 -10b

可能原本是岩石行星，之后由于小行星撞击而被剥去外层，极有可能经历了快速的冷却。

一颗类地行星围绕着一颗发光的恒星，其上极光闪耀。

我们只能在实验室里制造出这种物质状态。而在我们的太阳系中，却存在木星这样一颗行星，它还是太阳系行星中质量最大的一颗。

整个星系中，也有一小部分大型行星的轨道离恒星很近，它们的大气趋于白热化，其中包含由钛氧化物或铁构成的云和雨、超音速射流层，有时会导致十分极端的天气出现。这些行星是如何演变成这样的，至今仍是一个谜。有着这种体积的行星，其质量是地球的几百倍，它们显然不可能在此刻（我们发现它们时）的位置上形成。换句话说，在这些行星的幼年时期，由于原行星盘的复杂引力作用，它们改变了所处的位置，经历了大范围的迁移，被迫来到离它们的母恒星更近之处。或者，它们参与了一场行星弹球游戏，在家族中其他行星的引力作用下被驱散到更靠近母恒星的轨道上。

在其他地方，也存在包含钢铁般的冰冻水分层和碳氢化合物混合大气层的冰态巨星。我们预测，某些行星所含的碳或水的总量多得不可思议。还有一些超级地球，其体积比地球大，但比海王星小，它们在太阳系中并没有对应的行星，却出现在其他大部分（约占全部恒星系统

60% 的比例）恒星系统中。某些超级地球似乎与我们所熟悉的岩石世界大相径庭，比如，包裹在巨大而又温暖的氢气“毯”之下的熔岩行星。

在将这些新发现的系外行星进行分类并探索太阳系的过程中，我们颠覆了之前先入为主地将地球视为“最重要的世界”的看法。任何所见之处，任何所到之地，我们都能看到活动的迹象，看到当地的复杂性。土星的卫星泰坦有着由厚厚的氮气和碳氢化合物构成的大气层。虽然它的表面极冷，平均温度约为 –180 摄氏度，但仍有季节之分。泰坦星不仅在不同半球有着夏季、冬季之分，还存在大规模的蒸发与冷凝循环。泰坦星上的甲烷湖能被蒸发殆尽，之后化为碳氢化合物之雨落回地面。而遥远的冥王星的寒冷表面有着丰富的地形，如山川、冰川及冰火山。

一条即将走完的路

我们研究的大部分行星都在其恒星的引力井之内，沿着爱因斯坦相对论宇宙中的弯曲时空路径运行。对人类这一物种来说，这些行星轨道是宇宙最具标志性的特质之一，然而事实上，它们只是我们想象中的产物。这些轨道不过是些推论和几何幻想，能够帮助我们了解自然的复杂性而已。

运行轨道实际上只是一种估算，是恒星或行星随着时间运动的一般情况。真正的轨道系统有着复杂的引力作用：恒星吸引恒星，行星吸引行星，行星支撑着卫星，卫星互相拉扯。任意一个瞬间，作用在天体上的力都是所有这些力的总和，是许多力作用在一个物体上所产生的综合表现。

因此，行星系统在本质上是混乱的。经过亿万年的演变，轨道蔓延（orbital creep）出现了，这是一种混沌扩散的现象。从根本上来说，这种蔓延的细节是不可预测的，但我们能够对蔓延的不同时间线做出预测。行星位置或速度的微小变化，即便只是几毫米的变化，都能导致它们几十亿年后的天差地别。甚至爱因斯坦相对论所带来的影响（虽然很难描述典型的行星速度和质量）也在某种程度上决定了我们对这些宇宙历史的认知，因为这些影响改变了运动世界的运行方式。

太阳系内部的岩石行星轨道，从外向内依次是火星、地球、金星、水星的轨道。

10^{12} 米

水星、金星、地球和火星的轨道（从左至右）。

10^{11} 米

火与冰：木星的卫星木卫一（左页）及木卫二（上图）都经历了引力潮汐。

潮汐力也在行星的故事中扮演了一个重要角色。潮汐力是差动拉力（differential pull），使得同一星体的“近端”和“远端”受力不均，这是引力依赖于距离，也就是平方反比定律（the inverse-square law）所导致的结果。随着时间流逝，潮汐使得椭圆轨道变成了圆形轨道，释放出动能，并将之转化为行星内部的摩擦热能。

潮汐修饰了太阳系的很多细节。很多卫星进行的同步运动（即自转周期与公转周期一致）就是潮汐的产物。木卫一上的热火山，土卫二、海卫一和古老的冥王星上的冰火山，以及木卫二、木卫三、土卫六和很多天体上可能存在的内部黑色海洋，都是潮汐力作用的结果。

随着旅程的推进，我们来到了月球——这个黑暗的、满是尘埃的灰色星球，同时也是地球的同伴。我们发现它被困在地球身边，并因为潮汐力而形成了现在的结构，但月球轨道仍在不断演化，每年都会远离地球几厘米，而地球也逐渐放缓了自转速度。

地球轨道和月球轨道。

10^{10} 米

让我们纵观一下 10^9 米这一尺度：月球轨道环绕地球，
而离地球更近的是地球同步轨道，例如人造卫星的轨道。

10^9 米

月食时从月球上看到的地球。

这些变化能够追溯到很久以前。地球上海洋的潮汐运动，从 6.2 亿年前就被记录在沿海海滩的砂岩中，该记录显示，那时地球上 1 天约有 22 小时。结合对“月球如何形成”所做的最佳猜想（即月球是因早期版本的地球与一颗火星大小的原行星发生了一次大型碰撞而形成的），我们能够猜测，大约 45 亿年前，那个年轻的地球自转得更快，每天的时间更短。由于地球自转超前于月球公转，所以海洋潮汐形成了，并且规模非常巨大。多少亿年后，这些拍打土堆的水和被侵袭的岩石地幔仍然没能完全消除那种原始动荡系统的强劲势头。

这是件令人开心的事，因为这些潮汐是一些有形的链接，它们存在于我们的日常生活和我们在宇宙中的动态位置之间。正是因为你生活在一颗由这些力所塑造的行星上，所以你能用一个手电筒向宇宙中释放探测信号。地球今天的条件创造了让人类这种有机生物存在的机会，也正是这些条件提供了线索，让我们知道我们是如何到达这里的。

10^8 米

5

我们称之为地球的世界

10^8 米，10^7 米，10^6 米，10^5 米，10^4 米
从 10 万千米到 10 千米
从地月距离的 26% 到海底的夏威夷冒纳凯阿火山的高度

地球是什么？

这个问题的答案取决于你的提问对象是谁。对行星科学家或者地球物理学家来说，地球是这样一个球体：内核是铁，其上覆盖着炙热岩石，表面为薄薄的一层结晶矿物质。对天文学家来说，地球是少量恒星物质的凝聚体，其重元素来自很早以前就已死亡的前代恒星天体。对运算数字的统计学家来说，地球只是可观测宇宙内无数天体中的一个数据点而已。

这是一颗环境适中、外露层缓慢演化着的行星。对生物学家来说，地球是个温床，孕育了我们称之为生命的动态现象，而生命几乎代表了存在着的所有动态现象。在过去的漫长岁月里，这个世界的面孔一再改变，地球从可怕的岩浆海洋变成了有陆地的海洋星球，并反复经历从炙热到冰冷之间的所有气候。有时，它蜷曲的表面会产生活着的东西；有时，巨大的灭绝事件消灭了整个有机生物一族，使得地球表面贫瘠到几乎一无所有的程度。

地球既非常古老，又非常年轻。你能拿在手上的地球表面最古老的岩石可以追溯到约 35 亿年前。在火成岩（如花岗岩）中，你所能找到的密集的小锆石晶体可以追溯到约 44 亿年前，

这着实令人震惊。抛开年龄，地球目前还很活跃：它仍然在制造新的火山岛，地球深处的动力驱动着强烈的偶极磁场（dipolar magnetic field），表面的生态位仍在进化出新的有机物种。从这些方面来看，没有哪个瞬间能真正代表地球的完整历史或全部未来。地球正是这样一颗星球。

但是对你和我而言，除了这些缤纷多彩的科学观点，最重要的一点在于：地球是我们不可磨灭的一部分。

地球唤醒了丰富的景象、声音、气味和味道：你通过双脚感受到坚硬的大地或者漂在水面的轻柔海浪；你在宁静的清晨雾气中看到太阳从海平面升起的景象；你在夏日暴雨后闻到泥土和植物的芬芳；当夜色逐渐笼罩大地，你看着夜空中亮起的星辰时，心中涌现出激动而震撼的感觉。同时，地球对我们而言，也是一个令人不安的，有时还颇为危险的家园：肆虐的狂风摧

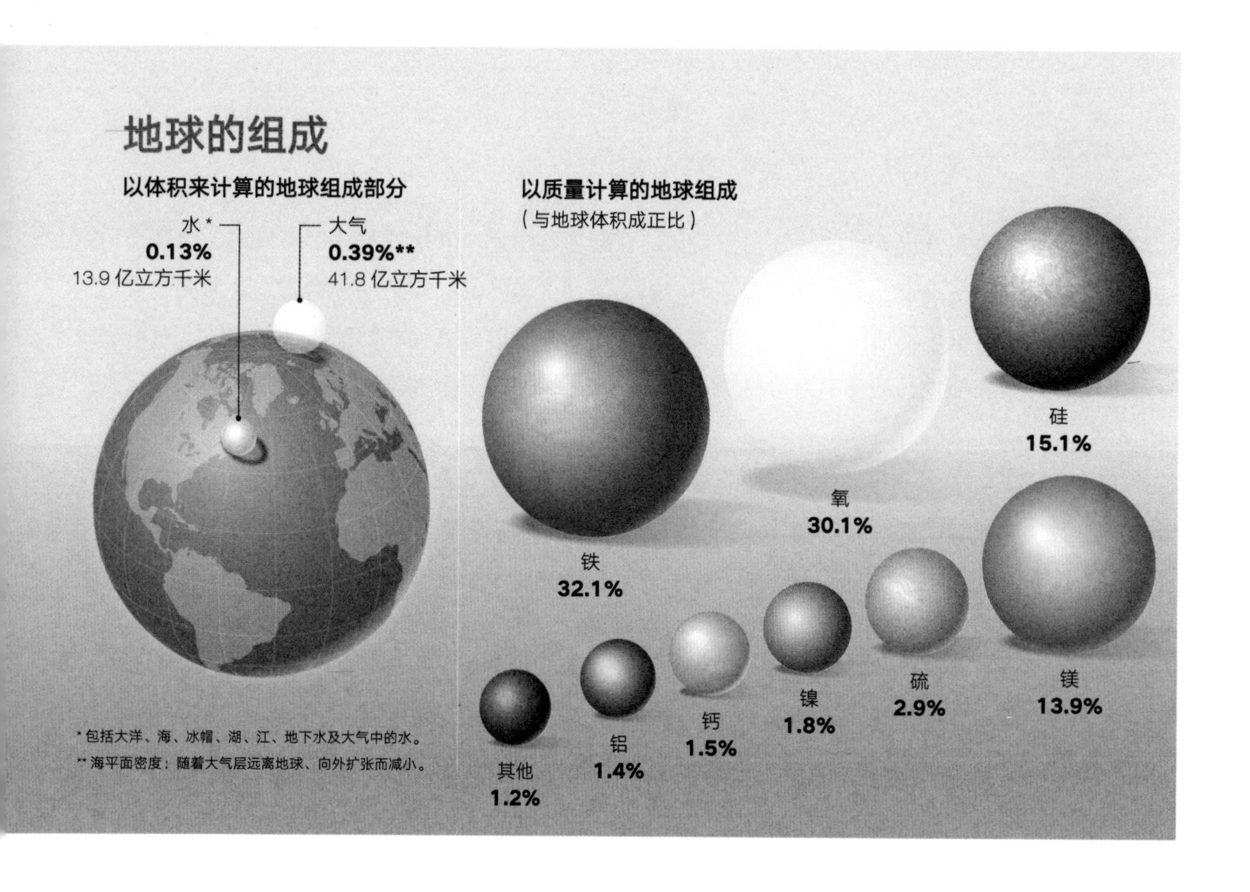

地球历史久远，从冥古宙（46 亿年前）一直发展到显生宙（5.41 亿年前至今）。

冥古宙，开始于 46 亿年前。

40 亿年前：太古宙出现。

30 亿年前：早期微生物生成了叠层石。

约 24 亿年前：全球冰川事件创造出一个“满是雪球的地球”。

1.5 亿年前：恐龙生活在郁郁葱葱的侏罗纪。

对一座火山的洋中脊的探索：这是一座科学界的金矿，能够开采矿产资源，
但它也是一个充满诱惑又令人担忧的地方。

残着我们，而暴风雪、台风和大地本身的剧烈晃动会把我们掀翻在地，让人无处可逃。

我们用双手挖掘这个世界，用工具勘探这个世界。我们雕刻这个世界的物质，让它成为我们需要的形状，或者只是我们想要的形状。就像所有有生命的物体一样，我们持续不断地将一组化合物转化成另一组，转化成我们呼吸的空气、食用的食物、燃烧的燃料。几十亿岁的基层岩石成了我们的家园、学校或者雕塑的建造原料；自然压缩形成的金属层成了我们的桥梁、汽车、自行车、结婚戒指和电路；精炼的矿石成了核反应堆的燃料；艰难提取出的稀土元素指引着电脑和智能手机中的电子并增强其磁场。

我们变得非常精通这种改造，甚至在为自己谋利方面有点太过精通了。我们改变了地球的平衡，给如今的生物和环境施加了巨大的压力，而它们正是支持人类生存的重要系统。

当然，人类并非第一个把全球环境搞成一团乱的物种。大概在25亿年前，微生物物种开始将它们所产生的废物排泄到大气中去，这种废物便是氧气。这样的“化学污染”标志着星球上的化学、气候状态以及紧随其后的所有生命形式即将发生巨大变化。

那些早期进行光合作用的氧元素制造者在物质上并没有什么选择余地，它们只是简单地将自身进化所产生的代谢工具进行了相应的分配。我们人类则与它们截然不同，而且十分有趣，因为我们清楚地知道我们在做什么，并且通常对所采取行动的结果有一定意识。

以同样的评判标准来看，虽然地球是人类的诞生地及婴儿床，但它同样对我们毫不怜惜。地球为何“刚好适应”人类？并没有什么特别的原因。毕竟，人类来自这颗星球，而非其他地方。无论人类对地球做了什么，对这里的生命做了什么，这颗星球都会走下去，进化也会持续进行，而我们所处的这一时代，最终也会成为未来的沉积岩中薄薄的一层。

这是因为（和任何行星一样）地球是个强有力的热力、化学、放射性机器。许许多多现象被编排进这颗行星的表面和内部，也被编织进了时间。从气候到化石燃料，我们认为理所当然的特性，都是几十亿年以来的深度循环和偶然事件的结果。事实上，我们在地球上享有的所有事物都是更宏大故事的产物。

吸收、搅拌、辐射

这场宇宙之旅逐渐带我们来到熟悉的领域，行星上环环相扣的过程开始揭露出它们自身的秘密。随着我们逐渐接近 42 000 千米这一高度，也就是地球上方的同步卫星轨道高度，一个几乎完整的半球体出现在眼前。在这半面，我们能看到岩石行星的某些主要动力，这些力驱动着其表面的热动态和环境状态。

在地球处于白昼的这一边，太阳以每平方米 1 300 瓦的辐射量照耀在大气层之上。这几乎就是一个电水壶烧水所需的能量，看上去似乎并不多。

若是把地球整个半球的所有太阳辐射全部加起来，就会有总数约 174 皮瓦（10^{15} 瓦）的太阳能照射在大气层上。这当中有高达 89 皮瓦的能量被地球表面直接吸收，剩下的能量会被地球表面反射，或者被大气吸收，被雨云反射。

10^7 米

地球大气的表层接收到了大量的太阳光子。

以人类的标准来看，这一能量的总量令人震惊。当前人类的能量消耗预估量为一年 1.6×10^{11} 兆瓦时，意味着在一年的 8 760 小时中，我们使用能量的功率大约是 0.018 皮瓦。据估测，地球上所有生命（加上光合作用有机物、植物的水分蒸腾以及生命从化学和地球物理能量中所获取的）消耗能量的速率约为 0.1 ～ 5 皮瓦。换句话说，尽管地球上的生命留下了强有力的足印，但以宇宙尺度为衡量标准，我们几乎没怎么吸收和使用太阳光带来的福泽。

地球的本源热量来自它仍在熔融的内核，相较太阳能而言，这种热量也是最温和的。所有冲刷着地球表面的地热和地球化学能量总计约为 0.047 皮瓦。

因此，地球绚烂明亮的白昼一侧并不只是一道亮丽的风景线，它意味着地球正持续不断地吸收电磁辐射。地球反射光子，但同时也像一块巨大的光子海绵，否则这些光子将会衍射到宇宙的其余部分。我们的地球可能只是一颗小小的星球，但投下了长长的影子。

然而这些能量去了哪儿？就像任何实物一样，地球的趋势也是不断地丢失多余的能量，这样便能和周围的宇宙达到平衡。不过有个例外：地球表面覆盖的大气和海洋减缓了能量的损失。行星逐渐升温，促使红外光子射入太空，以恢复平衡。但多数能量在逃逸到太空之前会转变为其他形式并经历过渡。这使得大气、海洋及它们的化学成分发生了波动，使这颗星球变成了一个新奇的引擎。

我们能够轻易地观测到这些能量再制造机器的运作。纵观地球，我们能够看到大气的流动，看到大洋横跨几千千米的距离。这颗自转的星球将这些流动的物质拉至自己周围，形成了一层气体、一层液体。但是太阳的能量会对这一切施以大规模的干扰。举个例子，温暖潮湿的气体从赤道等热带地区蒸腾上升，在移动到南边和北边前，上升到 10 ～ 15 千米的高度，最后这些气体在中纬度地区沉降下来，导致了全球范围的南北大气气流循环。极地地区也存在类似的气流，只是机制不同而已。

由于地球自转，赤道地区的空气移动得最快，这些无法和其他地区同步流动的空气会从赤道处被转移走。结果，大气层在这里经历了柯氏效应，使得空气朝着相对地球表面而言偏东的方向移动。

这样的偏移导致被称为喷射气流（包括亚热带和极地）的高速大气气流在距地表大约 10 千米处形成，并环绕着地球。如果你曾在北美和欧洲搭乘飞机，你可能体验过喷射气流，它会使你由西向东的旅程加快，使你由东向西的返程因逆风而变慢。

喷射气流同样有助于区分地球的大气，将冷、热空气分隔开来。但是如果高纬度的喷射气流变得微弱或者发生了曲折，冷空气就会降到较低的纬度，并给这块地方的人带来麻烦。

然而，对一个充斥着行星的宇宙来说，地球呈现的不过是这些现象中最温和的情况。太阳系的其他星球中，巨大的气体行星木星每 10 小时自转一圈，有着多种多样的大气喷射，规模极其巨大，如同环绕木星的巨大彩色条纹。土星看上去平静又典雅，但实际上，在其南、北两端有着大型的极地大气涡旋，而赤道高空风速可达每小时 1 800 千米。

受太阳操控的地球大气的狂暴行为还孕生了另一个产物：天气。最壮观的天气是在低气压区域产生的，在这里，大量温暖潮湿的空气上升到天空中，形成了热带风暴，或者称飓风、龙卷风或台风。它们呼啸着席卷地球。

这些旋转的野兽让我们得以一窥冲击地球的纯粹力量。水从海洋中蒸发，又在形成飓风的区域重新凝聚，释放出大量的热能。根据估算，一次大型飓风一天之内所包含的能量是地球上所有发电量总和的 200 倍。

太阳能并不只是简单地使地球变热，或给地球带来麻烦；地球的化学成分也因其发生了变化。在过去 45 亿年里，来自太阳的紫外光帮助包括水和氧气在内的平流层分子分离，促进了地球大气层蓬勃的光化学反应。太阳光也持续地照射在地球表面的矿物质上，引起了化学和结构变化。当然，通过对生命的催化过程，尤其是光合作用，太阳能显著影响了化学蚀变（chemical alteration）。某些变化只需简单的一天，比如一簇藻类在浅海环境中的生长；另外一些变化可能会持续几个世纪，比如树根腐烂，或是微生物留下的酸性物质改变了地球表面的岩石和矿物质。

非洲，包括东非大裂谷上方。

10^6 米

地球的机制

就像任何天体一样，地球会吸收并散逸能量，以保持其周身的热力学平衡。但能量的流转导致了复杂的、遍及整个行星的现象。

月球

月球引发了地球上海洋和大气的潮汐运动。和太阳潮一起，它带来了额外的3太瓦能量（1太瓦等于10^{12}瓦特）。

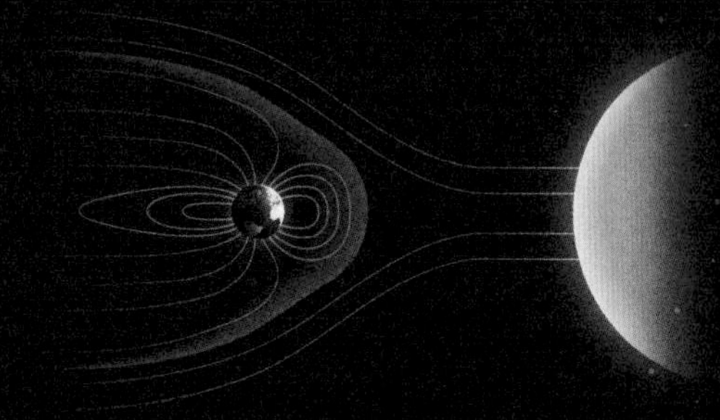

地球磁场

两极的磁场与太阳风的带电粒子相互作用。带电电流被驱动，进入地球的大气和导电岩石中。

大气循环

由于赤道处的自转速度达到了1 700千米每小时，以及随纬度而变化的太阳辐射热量，地球在其流体般的大气层内引起了垂直和水平方向上的大规模运动。这些大气运动将能量输送至星球的每个角落。

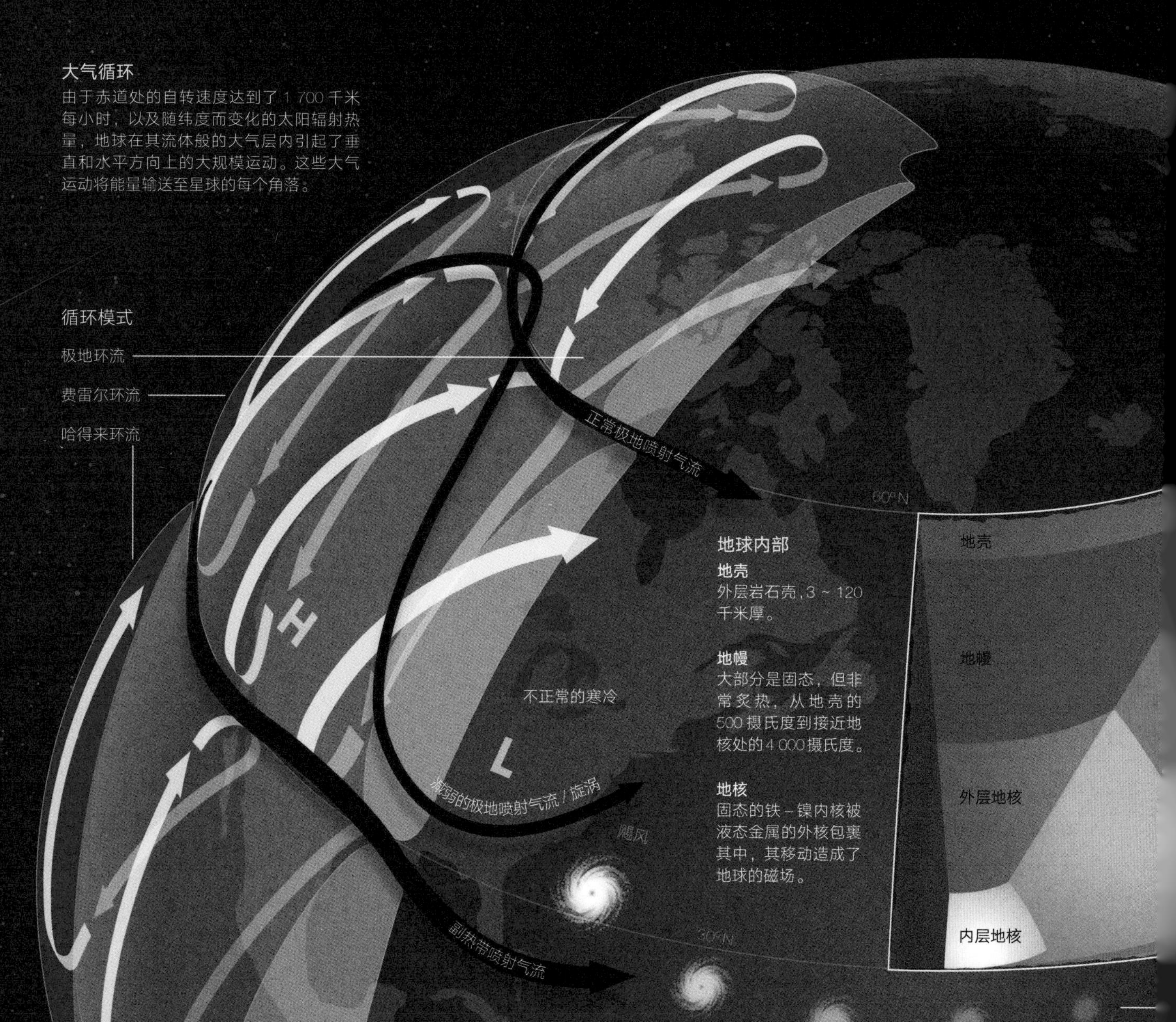

地球内部

地壳

外层岩石壳，3～120千米厚。

地幔

大部分是固态，但非常炙热，从地壳的500摄氏度到接近地核处的4 000摄氏度。

地核

固态的铁－镍内核被液态金属的外核包裹其中，其移动造成了地球的磁场。

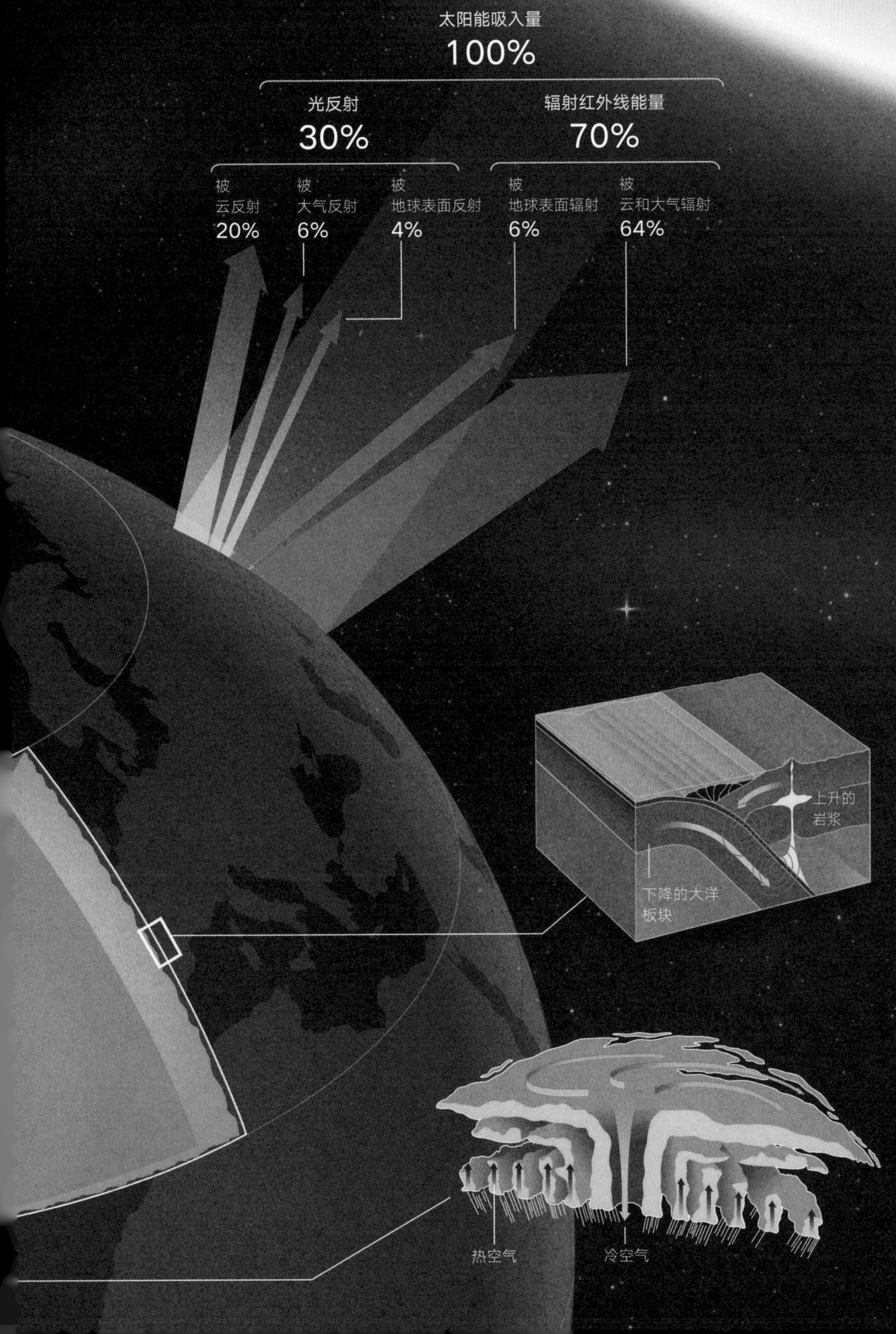

太阳的能量

太阳辐射的范围涵盖伽马射线到可见光及电磁波在内的各种形式。总辐射照度，即所有波长辐射总能量的测量谱，在可见光处达到峰值。然而，地球仅接收了太阳总输出能量的1/10 000 000。

火山及地震

地球的地质活动非常活跃。地球表面约有47太瓦的能量来自地热和地质化学过程。

飓风和台风

温暖的海水蒸发到空中，当它凝结时，使大气受热，并驱动气旋在大型的低气压系统中生成。这种气象的能量释放率可达到皮瓦级。

暴风眼之中：气象飞机在飓风眼壁中探险。

朝恒星前进

地面上方万米高空的一片区域，是一个有结构、有活力、受能量驱使的多样世界。这颗行星是人类与宇宙之间最具意义的联系。然而，自现代人类崛起后，我们之中的大部分可能一生都囿于方寸之间，不会远行。这是真的，但也有一些特殊的例外。

自 20 世纪 60 年代起，超过 530 个人类在外太空待过，或者曾进入亚轨道飞行，或者在地球同步轨道上穿梭。我们进行长途穿梭，9 次往返于地月之间，其中 6 次踏上月球。这些经历不但展现了我们的技术力量，也让我们对自身所处的世界有了相当不同的认知，比之前几十亿现代人类所提供的知识都要丰富。

这些幸运的宇航员、太空人以及航天员发现，当他们目睹眼前的一切时，心中满是敬畏。以下是他们心目中的地球：

> 我认为我们所经历的最激动人心的时刻发生在我们在月球上看到地球升起时……这使我们意识到我们所有人都只存在于一颗小小的星球上。从 370 000 千米之外看它，它真的就是一颗小小的行星。
>
> ——弗兰克·博尔曼（Frank Borman），《阿波罗 8 号》，1969 年 1 月 10 日

> 地球小小的，透着明亮的蓝光，如此的孤独。这是我们的家园，我们必须像保护神迹一般保卫它。地球绝对是圆的。我发誓我从来没意识到“圆的”这个词的含义，直到我从太空中看到了地球。
>
> ——列昂洛夫（Aleksei Leonov）

> 我的第一眼满是环礁和云朵：明亮的深蓝色海洋全景，间杂绿色、灰色和白色的阴影。靠近窗户的我看到太平洋的运动由于地球的巨大弧度仿若镶上了边框。它有着薄薄的蓝色光晕，除此以外就是黑色太空。我屏住了呼吸，怅然若失。我感到了莫名的失落。这是一场伟大的视觉奇观，然而却寂寞无声。此刻没有大型的音乐剧伴奏；没有奏鸣曲或交响乐来庆祝胜利。我们当中的每一个人都只能谱写自己的音乐篇章。
>
> ——查尔斯·沃克（Charles Walker）

地球富于变化的色调：从地球上空看到的图尔卡纳湖，位于肯尼亚和埃塞俄比亚北部。

10^5 米

我们对月球已经了解了很多，但我们真正了解的是地球。事实上，月球到地球的距离如此遥远，以至于你竖起你的拇指，便能将地球藏在拇指后面。你曾经知道的一切，你的所爱，你的事业，地球本身的问题……所有一切都在你的拇指之后。我们是多么微不足道，而我们又是多么幸运，能够拥有这具身躯，能够享受此处的生活，享有地球本身如此绚烂的景致。

——吉姆·洛威尔（Jim Lovell），阿波罗 8 号和 13 号的宇航员，
在 2007 年电影《月之阴影》中接受采访。

中国有个故事，说有些人被派去伤害一个年轻的姑娘，而看到她的美貌后，这些人变成了她的保护者而非侵扰者。这就是我第一次看到地球时的感受。我情不自禁地想要敬爱她，珍惜她。

——王赣骏（Taylor Wang）

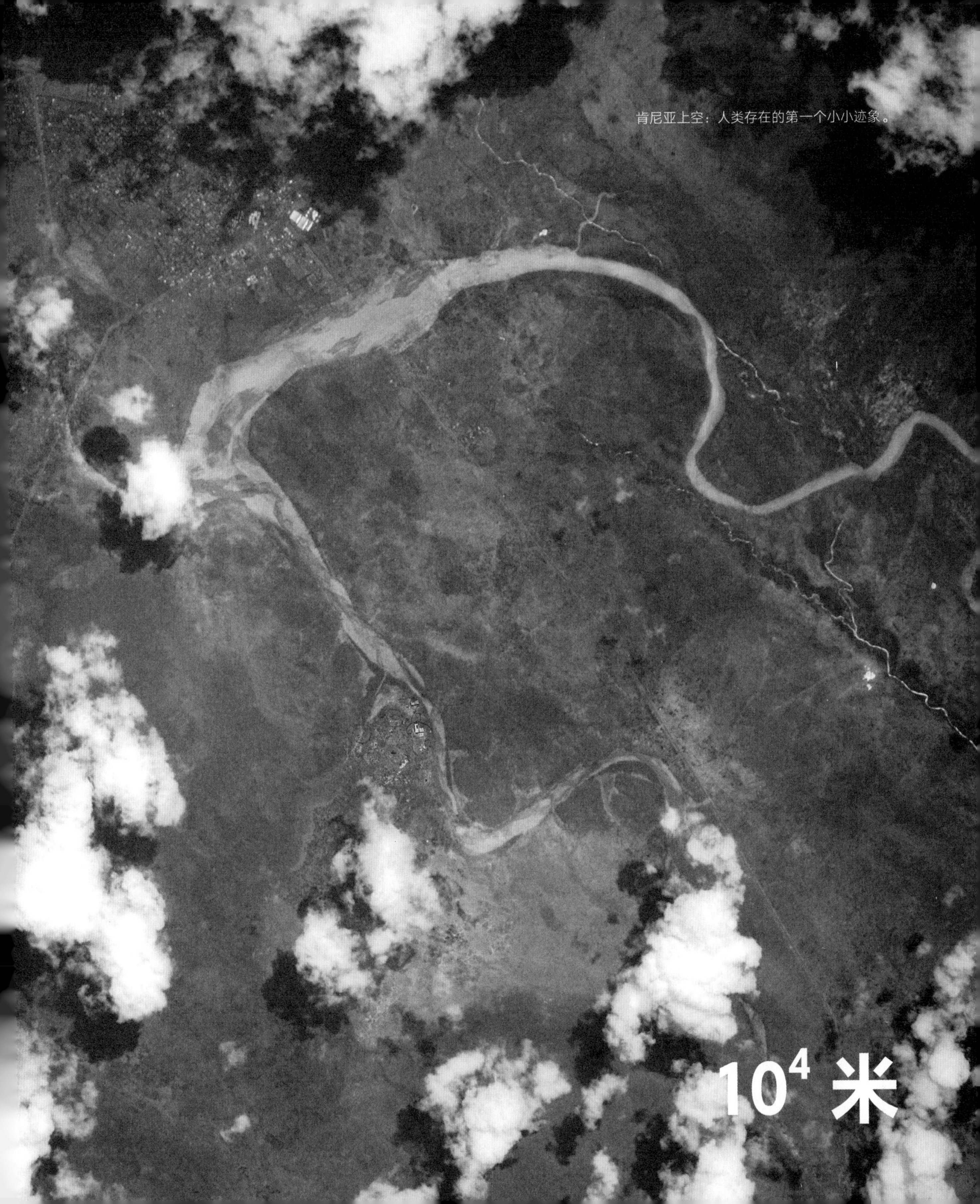

肯尼亚上空：人类存在的第一个小小迹象。

10^4 米

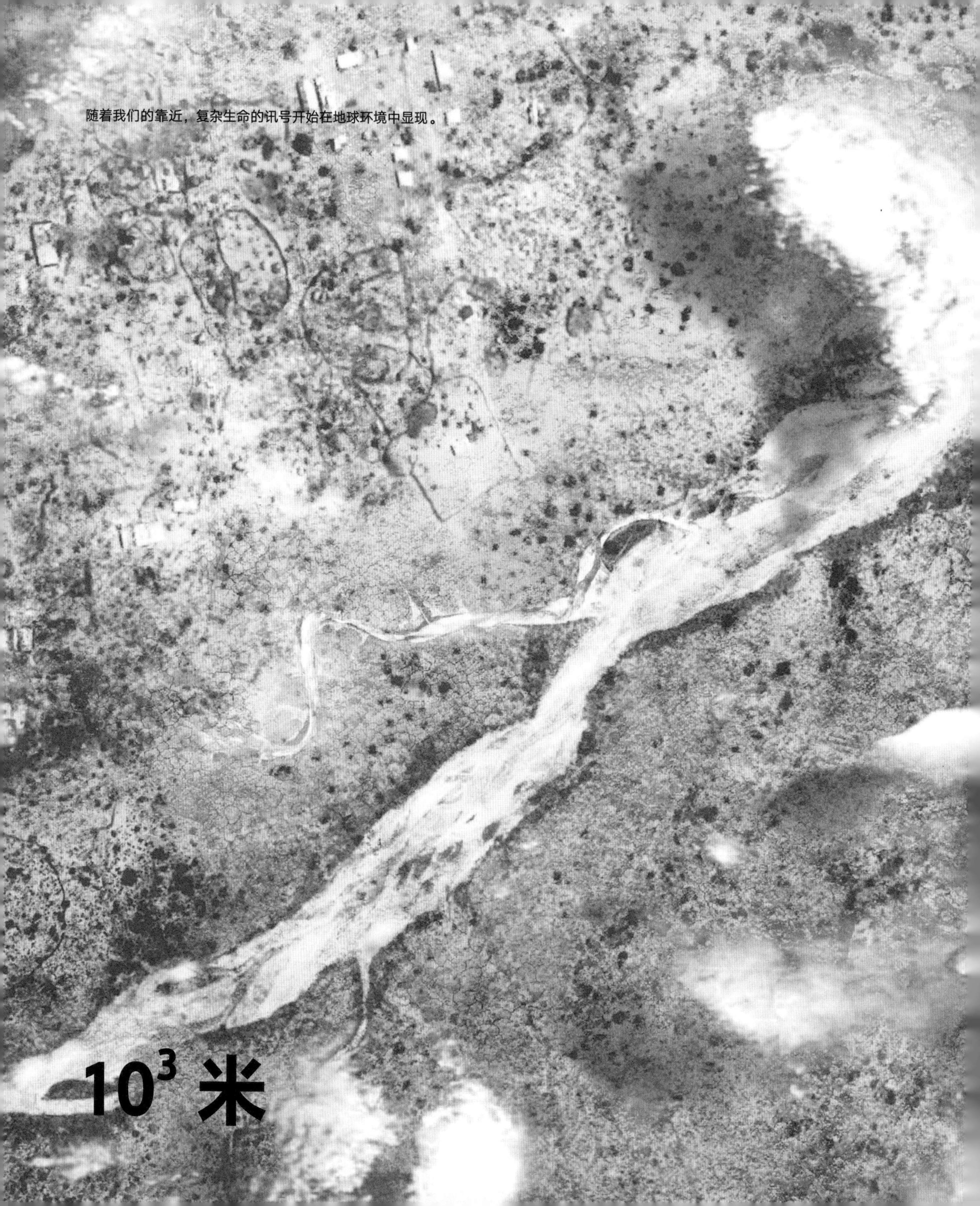

随着我们的靠近，复杂生命的讯号开始在地球环境中显现。

10^3 米

6

生命的法则，未曾停止的探索

10^3 米，10^2 米，10 米，1 米，10^{-1} 米
从 1 千米到 10 厘米
从一圈短暂散步的距离到近乎你手掌的大小

此前，我们已经从整个星系如同闪闪发光的微粒尘埃时的尺度比例，推进到整个行星不过是几个固化了的矿物这一尺度。现在我们所来到的尺度中，人类就像分散在世界各地的微粒一般。从开始直到这一步，我们大概跨越了 24 个数量级。

我们花费了一生的时间，从大部分都是水的多细胞微粒中，透过细胞膜去看，去听，去闻，去感受。不知为何，我们总是通过这些感官来构筑意义。人类有一种奇特的属性，被称为意识，人类也有一种奇特的能力，被称为智力。

也许宇宙中的其他复杂生物也是以同样的方式被创建的，只是我们目前还不知道这是不是事实。很可能，我们的生物学并非唯一一种创造生命的方法。我们也不知道人类的智力是否能够体现宇宙中任何地方的智力的运作方式，或者智力究竟代表了什么。它可能只是一种破解迷宫或者打开罐头的能力；它也可能拥有更好的衡量方法，比如推演数学证明的能力，以及推导宇宙性质和起源的能力。

意识让这些难题更加令人迷惑。几千年以来，意识让哲学家、科学家、诗人和艺术家们感到疯狂，他们苦苦摸索意识究竟是什么。很多现代神经科学家可能会说：意识是人类大脑整合信息的方法，是通过感觉来组建一个连续的平滑的世界模型的方法。但这也意味着意识比大脑其他各个部分的总和还要重要。意识可能是一种崭新的、无法简化的状态，由黏在大脑上的电化学造就。

总之，人类的情况有点滑稽。我们所处的位置非常不适合了解关于世界之性质的客观真理：我们处在一个奇异的、有自我意识的、有血有肉的微粒之内，而这一“肉身”还在缓慢地穿行于时空之中。然而，正是我们的天性使我们提出了这些棘手的问题。我们很容易找出理由，证明人类需要对自省这一行为本身进行反省。

这一点很让人不悦，就像是试图编写一段能够诠释和调试它自身的计算机代码，或者让一位艺术家画一幅看上去像是在画一幅画的画。对我们穿越存在物的所有物理尺度的旅程而言，这也是一个挑战。我们真正能做的，就是在一颗小小的岩石行星上安家，围绕着可见宇宙中一颗普通的恒星转动，并交叉手指进行祈祷，以此帮助我们弄清楚生命的现象。

更糟糕的是，生命的基本形式充满了欺骗性。几乎没有哪种生命能永远保持它第一次出现在我们眼前时的样子。比如说，章鱼并不仅仅是章鱼，它还与其他的有机物密切相关，并嵌入史诗般的生物进化网中，就连它的身体也是一处景致，在此，亿亿万万的小实体参与了一场“达尔文战役”。

在一个更基础的层面上，我们所知的全部生命似乎都是由无数个微小的、反复变化并不断重组的结构互相作用而产生的新型产物。正如我们所见，这些分子基石是质子、中子、电子和电磁力间的物理作用所引发的直接结果。

如此微小的组成部分简单地遵循着基本的宇宙“规则”，而这一点早已在138亿年前便刻入了宇宙中。如今，这些微小的部分齐心协力，构筑了星系、恒星、行星、大象、人类、鸟、昆虫，以及宇宙中其他不知名物体。

这一切是如何发生的？这个问题正是科学和哲学研究的绝对核心，也是我们从自身利益出发，努力建构一个合理的自然场景的核心。这个问题仍悬而未决。

* 不含细菌

地壳上的生命

关于存在物的这些难题，我们通过更好地量化自己在宇宙中的家而取得了一定的进展。这一量化过程开展得相当容易。例如，地球地壳外层的 70% 被液态水覆盖，这些区域代表着形形色色的生物栖息地。这里充满了大大小小的生命，从微观的单细胞到目前存在于世的最大的多细胞有机生物。

与水生生物完全不同的陆地生物占据着另一组栖息地，它们几乎与海洋处在平行维度上。即使是在同一套基本规则之下，这里的生命仍有机会扮演不同的角色。陆地涵盖了从灌木到沙漠，从巨大的冰川冰帽到热带岛屿，从山川到平原的各种景观。

两种有意识的物种（吉普车中的人类和车外的象群）在互相观察。

10^2 米

当人类试图解析自身的起源时，最引人入胜的景点之一坐落在东非大裂谷。这一区域是一道不可思议的地理学鸿沟。在这个地方，地球的地壳板块实际上是撕裂的，使脆弱的矿物带变成了完全不同的铜绿。

在东非，从厄立特里亚到莫桑比克，大裂谷这个长度超过 6 000 千米的大规模地壳构造系统衍生出了一系列超常的地理特性：比如复式火山（stratovolcanoes），特别是海拔将近 5 900 米的乞力马扎罗山；山谷两侧到谷底的落差可达 600 米；大裂谷中有幽深的、海峡似的水体。维多利亚湖是世界上最大的热带湖，有面积将近 70 000 平方千米的热带淡水，滋润着今日的尼罗河。

在大峡谷内，我们发现了关于人类起源的线索：早期人类物种的化石残骸。这些残骸书写了我们的史前历史，改变了我们对这段历史的认知。

早期人类物种中的一种，被我们称为能人，他们似乎存在于 280 万年 ~ 150 万年前。另一种是直立人，第一次出现在约 190 万年前。其他的原始人类化石也被一一附上了具有辨识度的标签，但事实上，我们尚未完整描绘出百万年前有哪些人种漫步于地球，他们之间又有怎样的联系。我们也并不知道这些人类物种的分布地有多广，但很可能，他们活动的范围只是区域性的，并未延展到整片大陆。

看看是谁在观察

尽管直立原始种占据了漫长的历史，但今天，按现代人类的标准来说，大裂谷仍然有很大一片区域的动植物，它们彼此毫无关联。

比如，在肯尼亚，我们跨越不同自然尺度的旅程来到了某个象群头顶上的一小片的空间。这群大象在观察四周，也在被观察：被金属吉普车里那些紧张不安的人类观察。

再旋转几下长焦镜头，我们就来到了一个厚皮动物个体上。一只啄牛鸟停在大象身上，从大象粗糙的皮肤褶皱中撬啄下一只肥厚的虱子。

10 米

如果将其置于一个更宏大的背景中来考察，那么这一幕将是非常耐人寻味的。这是一只大型的哺乳动物，一只重达 4 ～ 7 吨的多细胞生物。它用身体内的子宫孕育后代，而且它的腺体能够在生产过后至少为后代提供 5 年营养丰富的乳汁。大象的大脑是一个巨大的、拥有 3 000 亿个神经元（比人类神经元数量多 3 倍）的大型网络。这些生物表现出了复杂的、显然利他的社交行为，几乎可以确定它们是有意识的。它们当然有智慧，即使这种智慧与人类的智慧并不完全一样。

另外，大象那羽毛浓密的共生伙伴则归属于不同的谱系，在 3 亿年前，它们与哺乳动物有着最后的共同祖先。就像所有的现代鸟一样，啄牛鸟是一种特定的族群"大蜥蜴"，即卵生恐龙的后代。在 2.6 亿年前到 6 500 万年前，啄牛鸟的祖先迅猛龙生活在同样的大陆景观中。在那个世界里，恐龙进化出了上肢，或者说至少把握住了进化的核心。

角色互换：曾经，最高级的物种是某些恐龙，而并非哺乳动物。

按照我们的认知标准来看，啄牛鸟显然是有意识且有智力的。很多鸟都表现出了自我意识，具备识数和使用工具的能力，尽管鸟的大脑在物理上比大象或人类的大脑要小得多，只包含 1 亿个神经元。

在鸟喙上的寄生虱子也有一个甚至能追溯到更久远历史的祖先。它属于无翅昆虫族，至少有 4.8 亿年的历史，从无脊椎动物进化而来。从这个角度来看，虱子可能是画面中最异形的有机物，不考虑它现在所处的困境的话，它几乎是最成功的有机物。

虱子有没有意识或智力呢？某些昆虫，比如蜜蜂，其行为往往被解读为具有自我认知或智力特征，

10^0 米

大脑的世界

大脑由神经元构成。神经元是一种特殊的细胞，由它构成的电敏感网络能够接收、处理和传递电化学信号。大脑是我们已知的最复杂的生物结构。

直立人
190 万年前到
7 万年前
1 000 立方厘米

西部大猩猩
（Gorilla gorilla）
330 亿神经元
B/B 质量比：**1:266**

现代人
智人（Homo sapiens）
860 亿神经元
B/B 质量比：**1:50**

阿法南方古猿
390 万年前到
300 万年前
438 立方厘米

现代人类大脑的皮层拥有 160 亿神经元。这一数量仅被长肢领航鲸超越。

非洲灰鹦鹉
（Psittacus erithacus）
15 亿神经元
B/B 质量比：**1:51**

家犬
（Canis lupus familiaris）
1 600 万神经元
B/B 质量比：**1:125**

小鼠
（Mus musculus）
7 100 万神经元
B/B 质量比：**1:40**

家猫
（Felis catus）
3 000 万神经元
B/B 质量比：**1:110**

猫比人类拥有更多的视觉处理神经元。

大西洋鲱
（Clupea harengus）
最高可拥有 1 000 万神经元
B/B 质量比：**1:1 000**

鱼类大脑能够在神经元损坏后制造新的神经元。

林蛙
（Rana temporaria）
1 600 万神经元
B/B 质量比：**1:172**

尼罗鳄
（Crocodylus niloticus）
B/B 质量比：**1:2 000**
但这一质量比会随年龄而变化

蜜蜂
（Apis mellifera）
96 万神经元
B/B 质量比：**1:100**

蜜蜂大脑中的神经元比人类大脑的神经元要密集 10 倍以上。

鳄鱼大脑的质量随着身体质量的增加而增加，但增加的速度要慢得多。

* B/B：大脑 / 身体

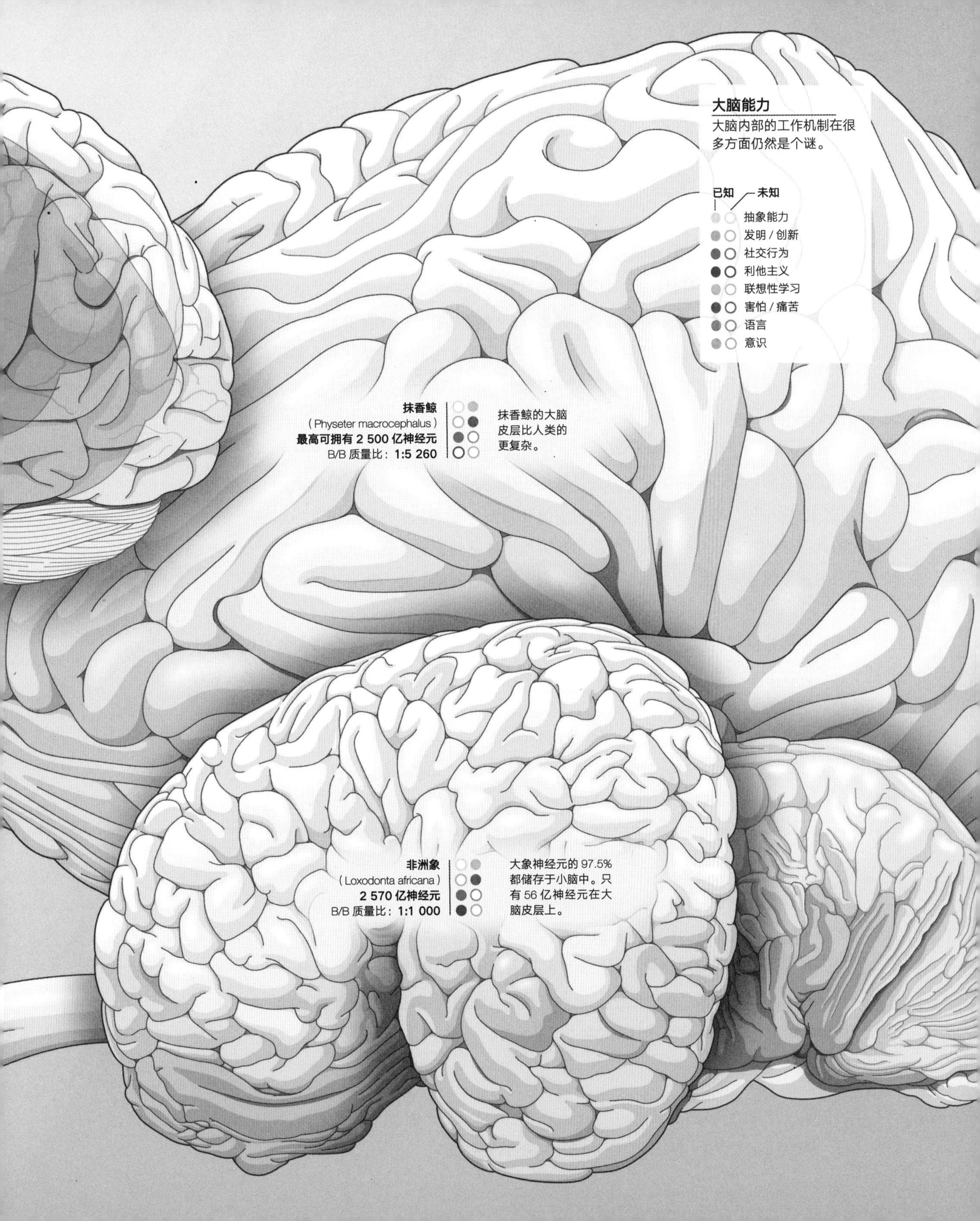

大脑能力
大脑内部的工作机制在很多方面仍然是个谜。
已知
未知
抽象能力
发明 / 创新
社交行为
利他主义
联想性学习
害怕 / 痛苦
语言
意识
抹香鲸
（Physeter macrocephalus）
最高可拥有 2 500 亿神经元
B/B 质量比：1:5 260
抹香鲸的大脑皮层比人类的更复杂。
非洲象
（Loxodonta africana）
2 570 亿神经元
B/B 质量比：1:1 000
大象神经元的 97.5% 都储存于小脑中。只有 56 亿神经元在大脑皮层上。

并且有数量高达百万的神经细胞。虱子并非蜜蜂，而我们并不知道在它的神经系统中究竟发生了些什么。

这简短的生命一瞥（几十亿年来无数拍照机会中的一瞬）包含了另一个重要的故事。

一头哺乳动物款待了一只鸟和一只昆虫。鸟吃掉了寄生虫，帮助了哺乳动物。鸟也喂饱了自己，无意中促成了虱子未来基因的变化，因为这只倒霉虱子的后代将不复存在。如果这只鸟没有落在这头大象上，没有找到这只虱子，一系列发生在未来的复杂事件都会变得不同。在某些未来中，单一事件不会产生什么影响。但在其他时候，原则上，某个单一事件正好充当了改变地球整个进化轨迹的雪球。

历史上像这样陷于混沌的突发事件只是冰山一角。大象不断改变着它们周边较大范围内的环境。它们食用植物，喝水，移动并改变了土壤和岩石。实际上，它们促进了外部熵（宇宙中可量化的无序）的增加。在该环境下的植物和其他生物感到了这些变化所带来的压力。自然选择（适者生存）以及基因漂变（幸者生存）导致了整个时间轴上的生物变化。

啄牛鸟也做着同样的事。它筑巢，排泄废物，和其他鸟类、其他生物竞争。既卑微又强大的虱子，也扮演着自己的角色。上述场景只是虱子社会的一部分，从生态系统整体来看，虱子是细菌和病毒的完美家园。

将大裂谷中这张看似无害的生命快照放大后，我们得以一探是什么造就了真正的行星生物圈。答案便是：相当复杂的、多层的、层次交错的原子、分子、生命、行星、恒星和宇宙热力学。

那些我们称之为意识和智力的奇特现象滑进了这个系统的缝隙。我们并不知道复杂生命是否总是需要进化出这些特点，以便更好地生存，或者这些是否只局限于地球上的生命。我们并不知道意识和智力如何精确地在虱子到大象之间以及这之外的尺度上分布，但我们人类的举动能够传播得很远，远到未来，远到太空。智力使我们有能力决定这些举动。真正的问题是，我们应该选择怎样的方式来对待这种能力。

10^{-1} 米

PART 3

10^{-2} ~ 10^{-35} 米的 34 个宇宙：万物从有到无的虚空

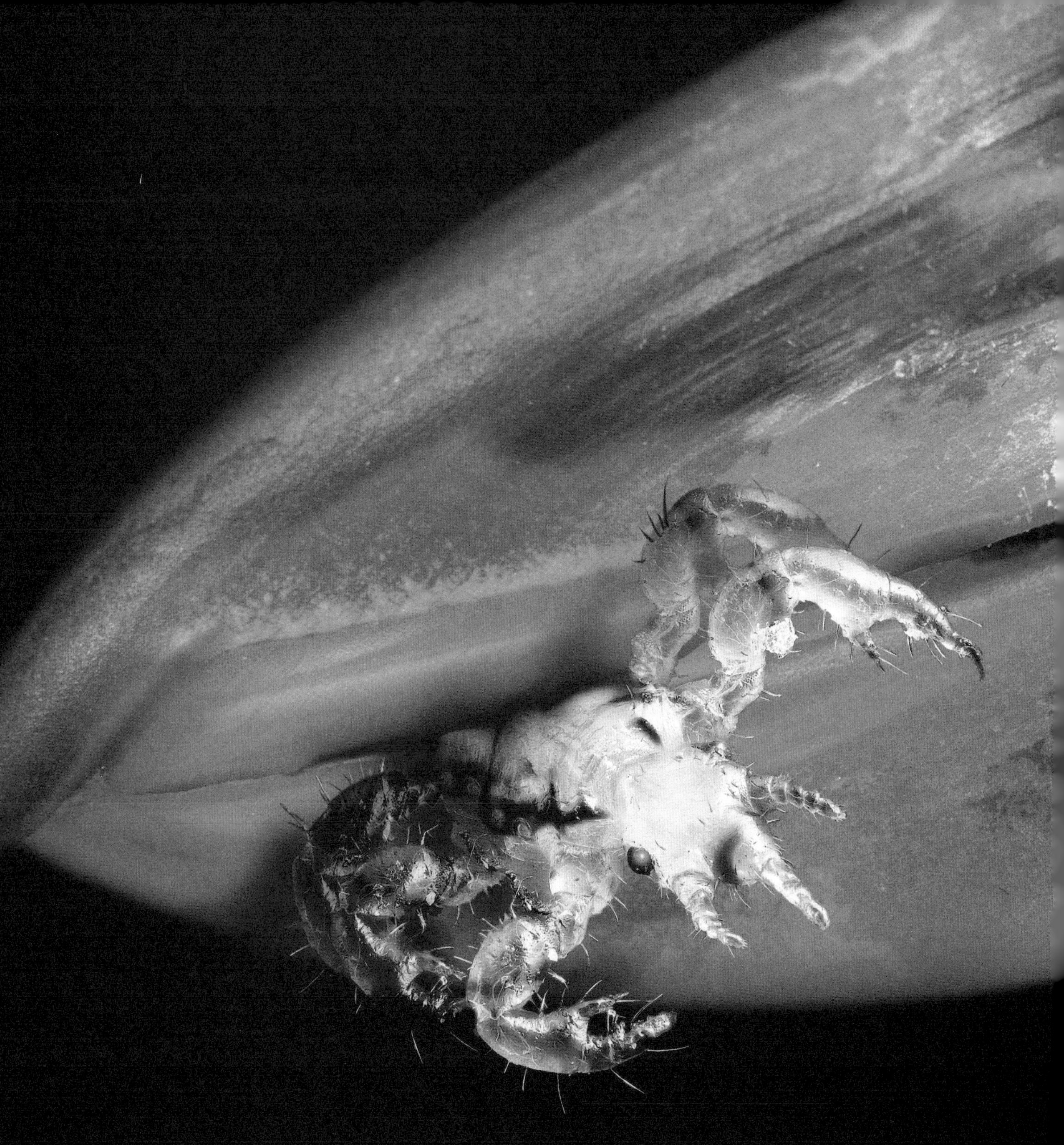

10^{-2} 米

7

消失在宇宙背景中的物质碎片

10^{-2} 米，10^{-3} 米，10^{-4} 米，10^{-5} 米
从 1 厘米到 10 微米
从人类指尖大小到一小滴水云或一个动物细胞大小

随着我们进一步缩放宇宙的尺度，我们称之为家园的这颗行星逐渐消失在背景中。地球上的所有色彩和戏剧性事件不过是一片比我们现在的新起点大 10 亿倍的模糊区域。但这个尺度和接下来的几个量级可一点儿都不无聊。在这里，你会遭到缤纷而又奇怪的观念的挑战。其中处在首位的就是我们所谓的复杂性。

复杂性是当前宇宙的中心。我们已经在浏览星系和星云时遭遇了这一概念，但它也充斥于我们的日常生活中。我们的身体结构以及与我们共同生存的多样物种种群都证明了这一点。虽然我们几乎没有注意到，但我们的确栖息于一个拥有复杂生物粒度的世界。

感官的局限性让我们没法完全了解这个世界究竟是什么样的。如果我们在自己面前的适当距离处拿着两个极其微小的物体，那么只有当它们的间距大于一根头发的宽度时，我们的眼睛才能分辨或解析出这对物体。若将这个间距减半，那么即使是人类中视力最好的人也无法区分眼前所见到底是一个物体还是两个物体。

由于这样的限制，我们在过去的几万年里，把大部分时间浪费在了我们无法察觉到的鼻

下，指甲之下，血液、唾液和皮肤之内的世界。我们总是把自己的实体，以及其他任何生物都视为紧紧包裹住自身的整体。任何东西，从大怪兽到小昆虫，似乎都同样坚固，都不可分割。

然而，我们所有人就像宇宙的其他部分一样，是由碎片组成的。我们由原子、分子、分子复合物和细胞组成。而在这些部分之间，可能有着各式各样、不计其数的机械动作和化学反应。

以人类的手为例。你的双手，现在正忙着抓紧这本书，它们处于一种动态拉伸的状态。坚固的骨骼、肌腱、肌肉、神经纤维和皮肤协同行动，它们共同感受着这本书，并同步协调着彼此的活动，这样你才能专注地看着这些字。

许许多多不同颜色、不同肌理、大小各异的手，帮助我们在周围的世界里留下自己的印记。

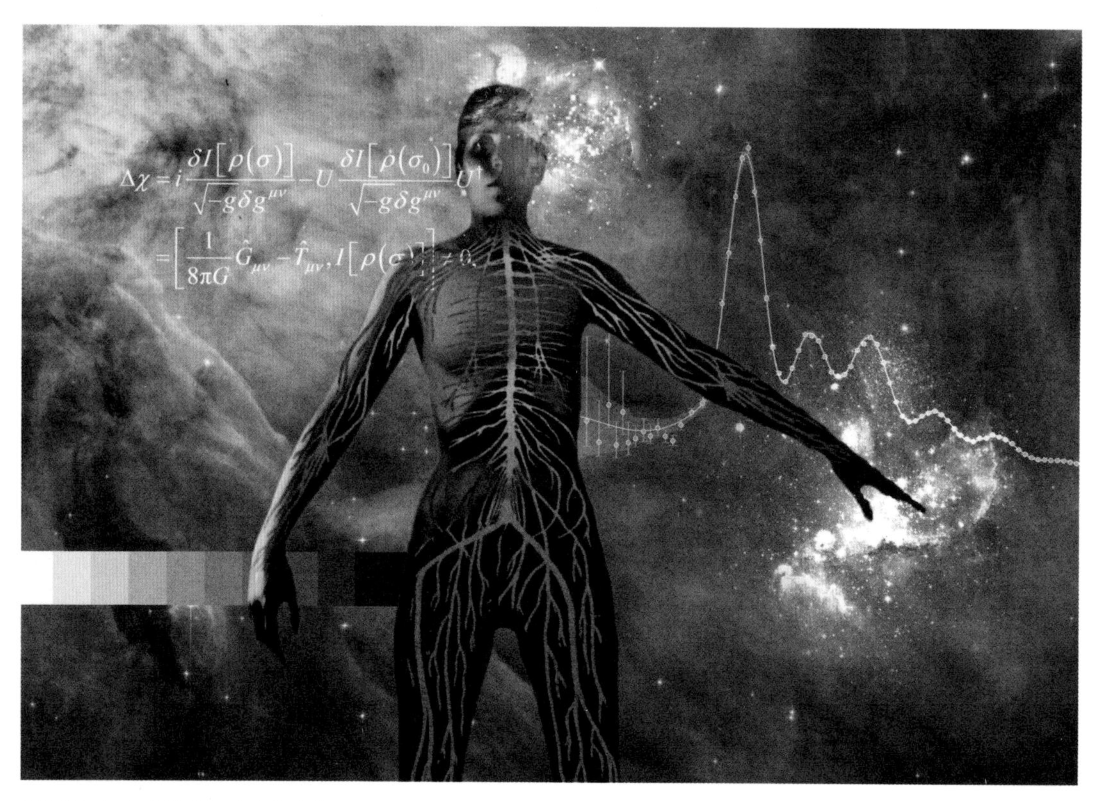

手和细胞让我们能够与宇宙建立联系。

虱子的眼睛。

10^{-3} 米

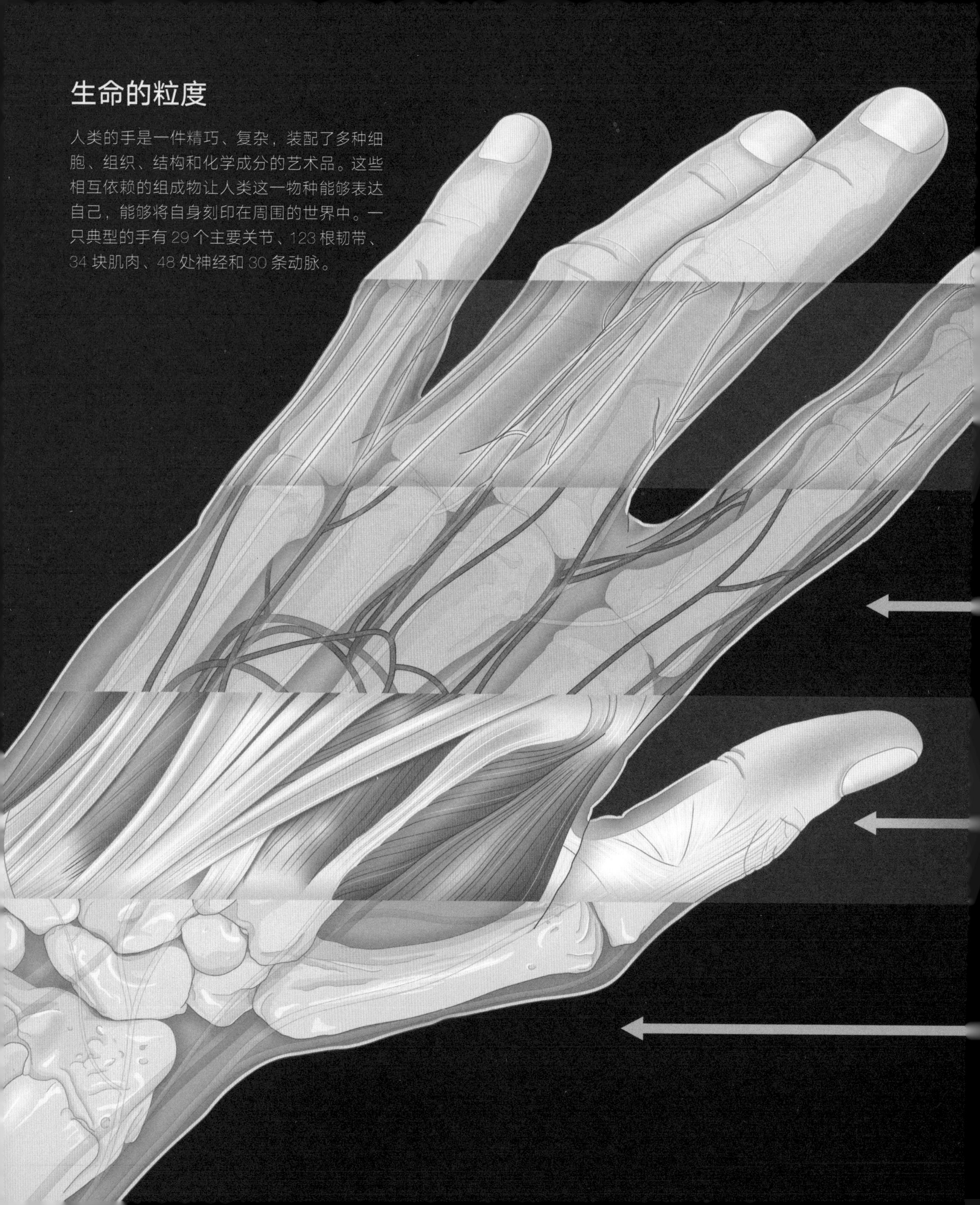

生命的粒度

人类的手是一件精巧、复杂，装配了多种细胞、组织、结构和化学成分的艺术品。这些相互依赖的组成物让人类这一物种能够表达自己，能够将自身刻印在周围的世界中。一只典型的手有 29 个主要关节、123 根韧带、34 块肌肉、48 处神经和 30 条动脉。

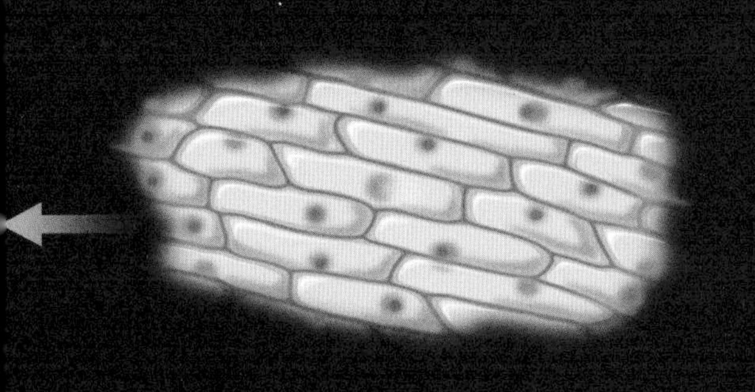

皮肤系统

人类的皮肤细胞直径大约为 0.03 毫米。最外层（表皮）既柔软又防水。

发挥重要作用的元素

H 氢
N 氮
P 磷

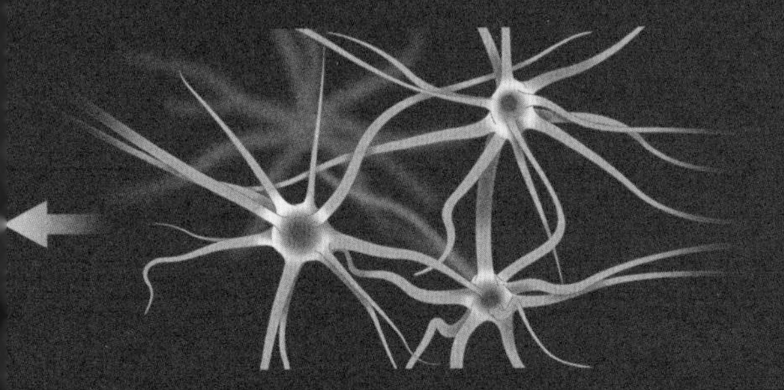

神经系统

神经细胞传送电化学信号。典型的细胞压差大约是 70 毫伏。

K 钾
Na 钠
Ca 钙

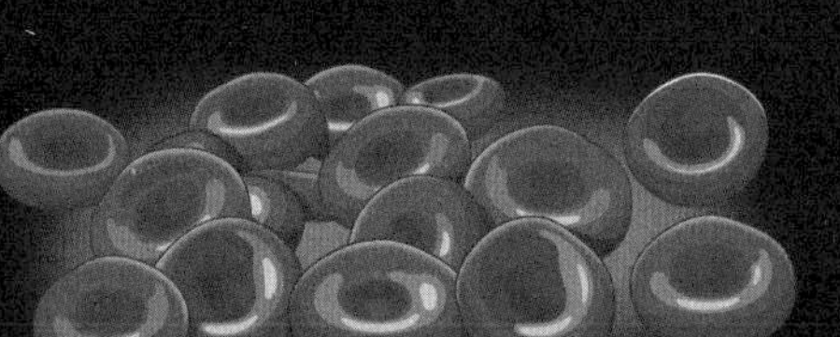

血液循环系统

这一系统携带氧气和其他气体、营养、激素、代谢产物以及红细胞、白细胞和血小板细胞，传输到身体各处。

Fe 铁
O 氧
Cu 铜
Na 钠

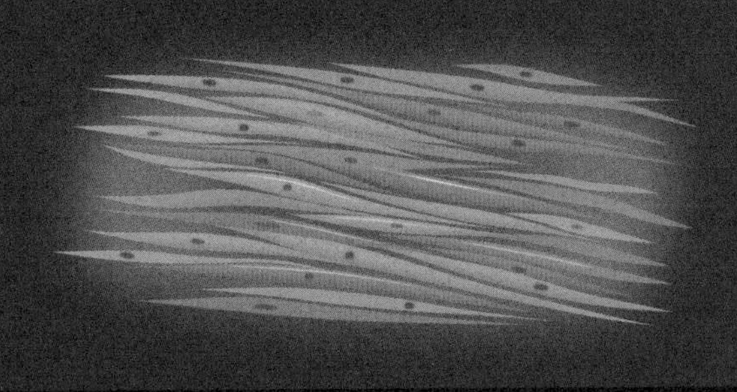

肌肉系统

长度从几毫米到几厘米不等的细长细胞，能够收缩和放松，以此支撑身体有力地运动。

Cu 铜
Ca 钙
P 磷
S 硫

骨骼系统

矿物化和非矿物化组织形成的复杂矩阵结构。骨骼形成了一种机械支架，并在很多机能（如血液细胞生成和代谢）中提供服务。

Ca 钙
B 硼
Cr 铬

我们将脑中的概念提炼出来，并用岩石和铁器将它们雕刻成形状和图案，将自己的思想转化成实际的物理的东西，而这些思想反过来启发了我们，让我们的双手创造出新的东西，等等。灵活的手指让人类能够飞向天空，飞向月球，飞驰到太阳系的外层。这些手指制造出能够制造其他机器的机器，从机器人到自动组装计算机；也建造出由精心打磨的镜片和传感器组成的显微镜，以及巨大的电磁粒子加速器，用以在亚原子王国中进行更深的挖掘和探索。

然而你的手并不真的是一个单一的实体。这个部件由大约 4 000 亿个细胞组成，这些细胞是高度专业化、平均直径约 0.03 毫米、有膜包裹的囊状物。正是这些微小机器的协同行动让你能够抓住这本书，就像其他微小的机器让我能够敲打出这些文字一样。在更广阔的尺度上，正是这些机器的群体协作帮助人类进化。

对我们身体的其他部分来说，情况也是如此。对地球上的所有大型生命形式来说亦然。当我们将视野缩放到东非大裂谷，缩放到一头大象、一只鸟、一只昆虫，以及这只昆虫的细胞结构上时，我们能够看到生命的粒度。这些细小的部件合在一起所能做的事，实在是令人印象深刻。

复杂性的简单性

不过，这些细胞机器也会有生有死。人类的红细胞能够存活大概 4 个月；皮肤细胞大概能生存几周；其他的细胞，比如大肠中的那些细胞，只能存活几天。甚至当你离世时，你体内的很多细胞还会继续存活几小时甚至几天。构成多细胞生物的细胞会像对待自己一样对待它们的宿主。

生命间的集群合作已经在地球上存在了很久，可能至少存在了 30 亿年。如果算上蓝细菌第一次“殖民”的话，作为一种生物策略，多细胞体的变种被“再改变”了很多次。有着不同细胞形式的多细胞有机体，包括植物、动物、真菌，在大约 15 亿年前出现。在合适的环境条件下，细胞的合作与共生提供了各种进化优势。多细胞体衍生出了如今的生物，后者种类繁多，覆盖范围多达令人震惊的 22 个数量级（如果把病毒也算作生物的话，将会是 27 个数量

虱子的复眼，及其晶须上的一粒花粉。

10^{-4} 米

级）。地球上的生命从最小的微生物（10^{-16} 千克）层级一直延伸到最大的植物和哺乳动物（10^{6} 千克）层级。

合作的收益远远超过其他生物通过进化所取得的优势。所有细胞单元共同协作，便能够建造比各部分单独建造的总和多得多的东西。几十亿的细胞能够形成真菌、植物、昆虫、鸟和哺乳动物。它们能够形成像爱因斯坦、艾达·洛芙莱斯（Ada Lovelace，第一位计算机程序员，诗人拜伦的女儿）、牛顿、居里夫人这样的人，或者像莫扎特、巴赫、毕加索、雪莱和达·芬奇这样的人。

它们也能从复杂中创造出令人惊讶的简洁。例如，在动物世界，基础代谢率（动物休息时燃烧化学能的速率）和身体质量之间有着一种可观测到的数学关系。实际上，从细菌到小型鼩，再到体型庞大的蓝鲸，这种数学关系一直存在：基础代谢率随体重的三次幂的增加而增加。这条规律存在于全部 10^{22} 种不同生物体中。

生命的数量级

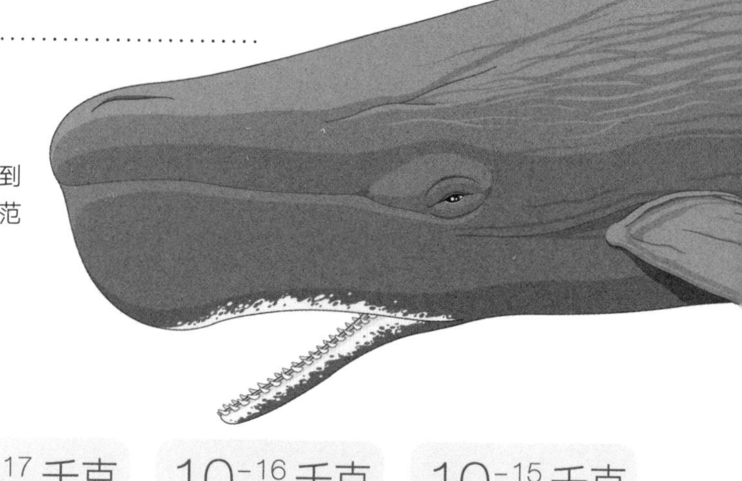

地球生物的大小至少跨越了 10 个数量级——从单细胞到多细胞大型生物。它们也在质量上占有 22 个数量级的范围（如果算上病毒，将是 27 个数量级）。

质量数量级

10^{-21} 千克

小型病毒

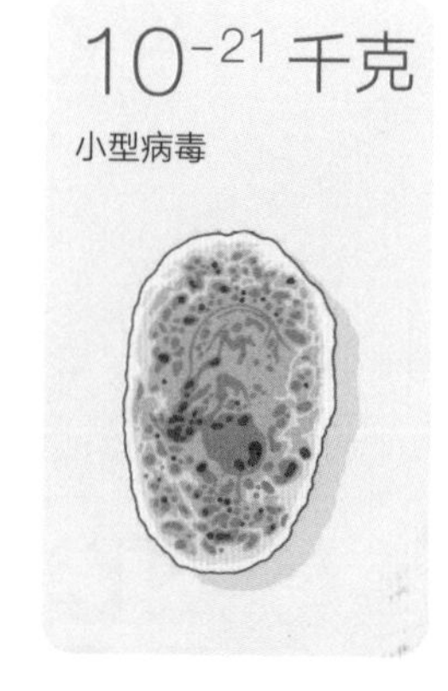

10^{-18} 千克

艾滋病病毒

10^{-17} 千克

巨型病毒

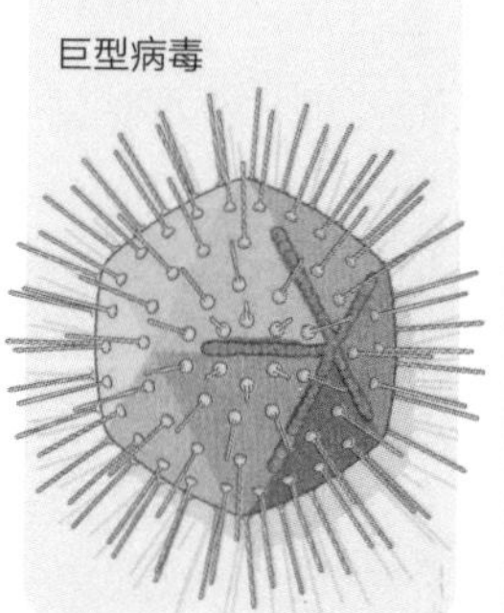

10^{-16} 千克

原绿球藻

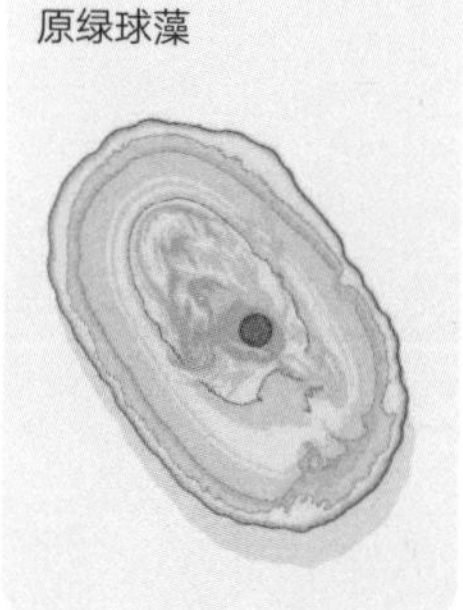

10^{-15} 千克

大肠杆菌

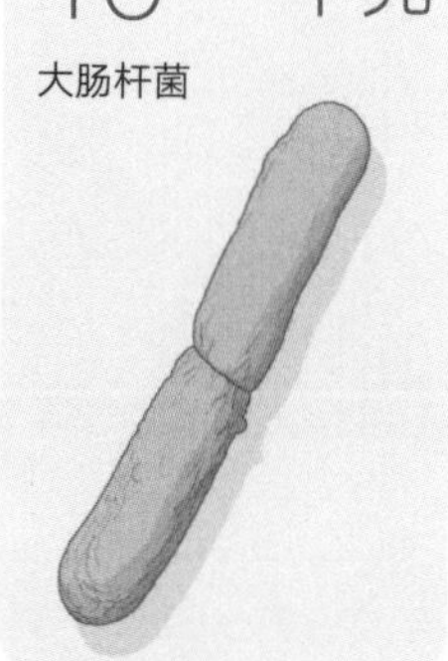

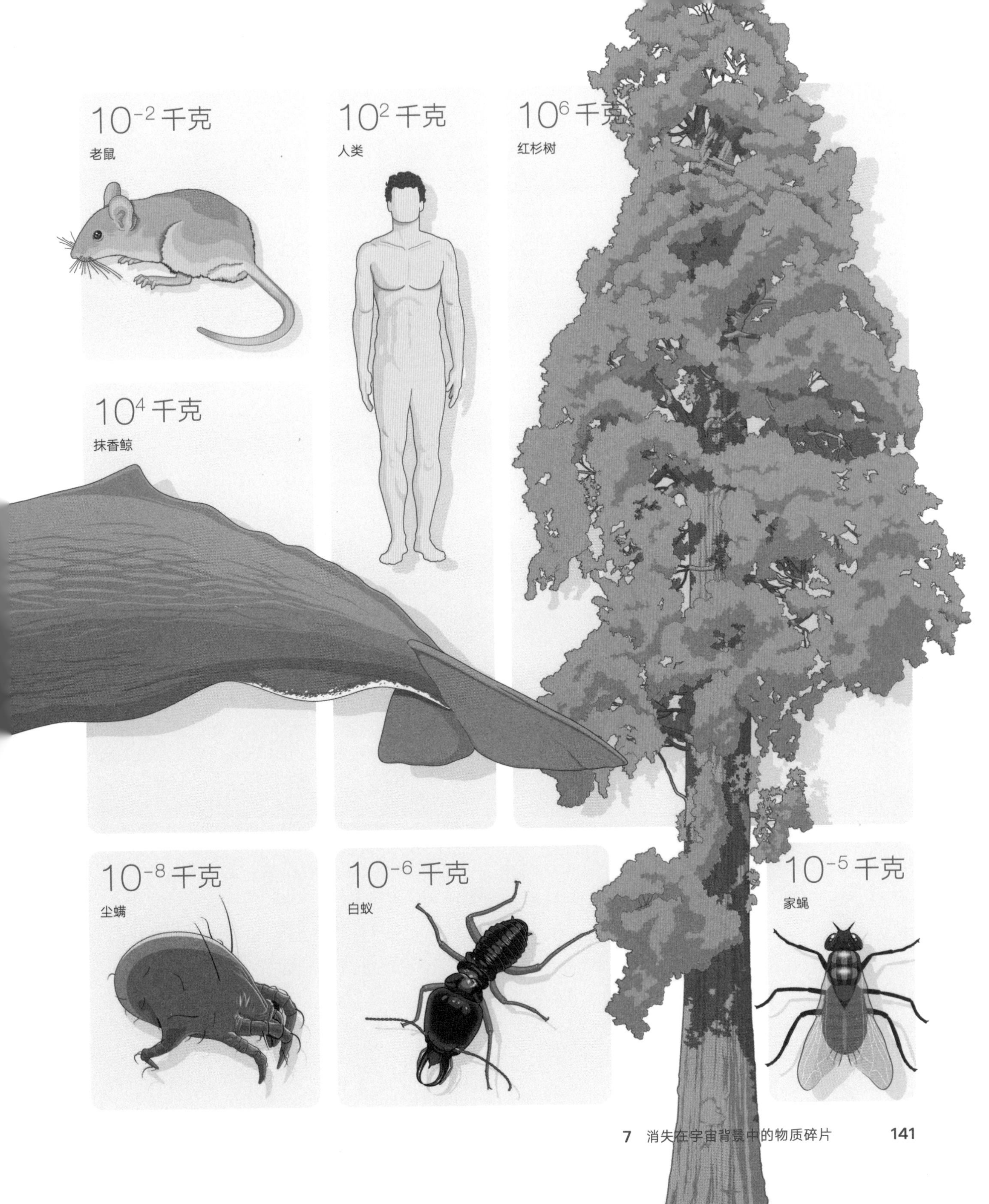

10^{-2} 千克
老鼠
10^{2} 千克
人类
10^{6} 千克
红杉树
10^{4} 千克
抹香鲸
10^{-8} 千克
尘螨
10^{-6} 千克
白蚁
10^{-5} 千克
家蝇

一只老鼠和一头鲸鱼在两个不同的数量级上打量着对方。

神经元细胞体的代表。

不知为何，一个常规而又简单的法则在这些物种迥异、大小不一的不同组合形成的生物细胞中出现了。生物学中的其他特征也表现出令人惊奇的规律性。比如，生命扩张的方式、增长率，以及不同物种的物理尺寸也存在单纯的数学关系。

这怎么可能呢？我们相信这是一场公平的赌局，所有这些都是最优的表现形式，是由自然选择所青睐的那批生物促成的，严格地说，这正是这些生物尽最大努力所达到的效果。从烦琐中创造简单之所以能够成功，其实取决于一套复杂的系统，系统中的很多部件既能够单独运作，也能够跨越多个尺度互相合作。

对于多细胞生物的群体行为而言，情况也是如此。它们经常形成团体：兽群、鸟群、鱼群、蜂群等。这种集群就像有着自己发展法则的新型实体。其中的每个生物体成员都可能遵循着简单的规则，但作为整体，它们在全世界范围内活动的同时，形成了意想不到的合作模式。

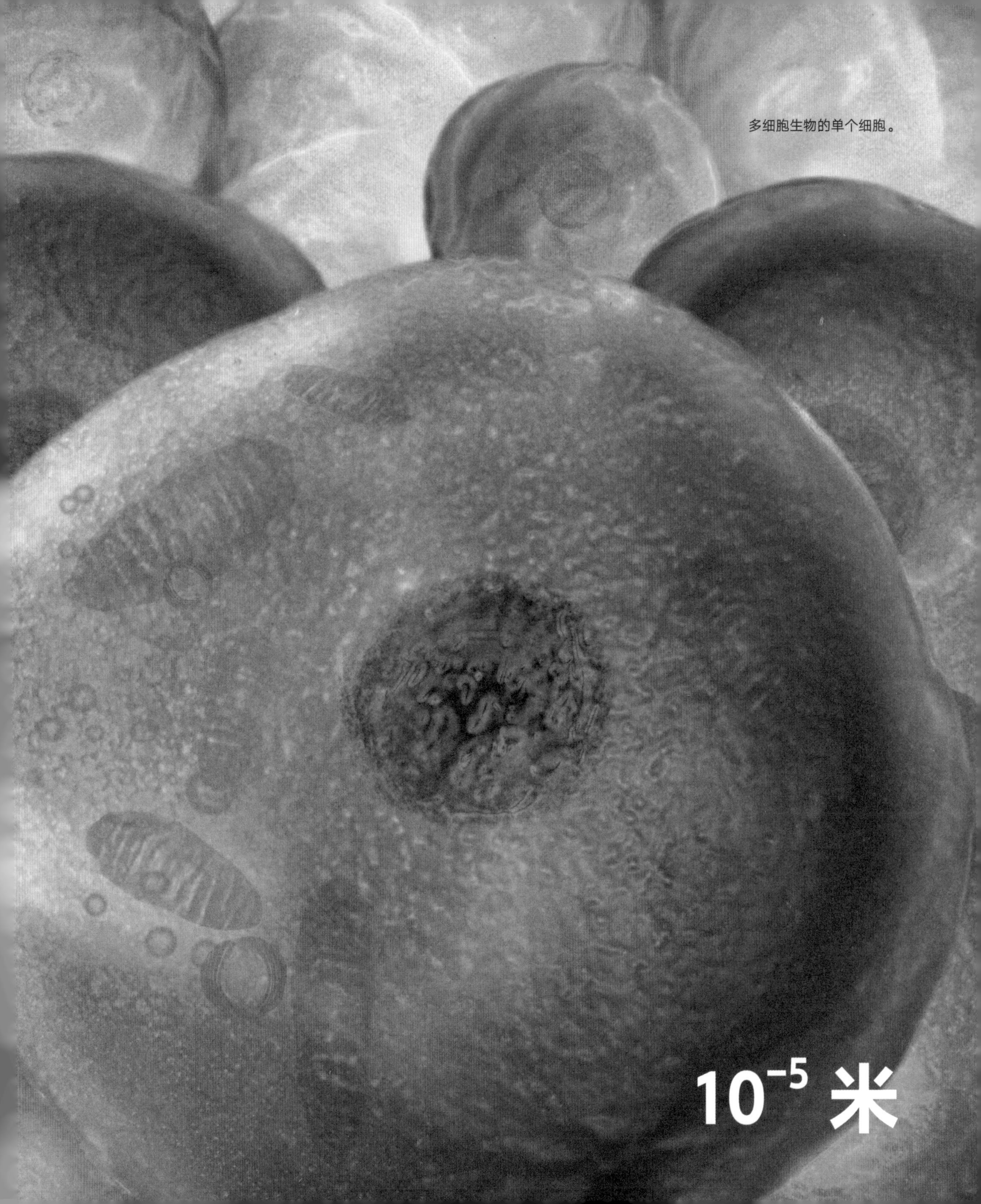

多细胞生物的单个细胞。

10^{-5} 米

这些合作模式在很多完全不同的物种里都能看到。比如，椋鸟在它们的大型“自然奇观”中俯冲流动，就像海中的一群鲱鱼一般。对这两个物种来说，群体行为的优点在于给潜在的掠食者造成一种数量超载的错觉。但这种行为也会导致危险，比如吸引了掠食者的注意力。

人类不属于这个范畴。我们是社交动物，通过语言，通过几乎不用说话就能一起工作的优势，我们被绑定在了一起。研究表明，我们的城市也遵循着一些相当简单的数学编码。道路的长度、电力线缆以及加油站的数量，与城市的总人口息息相关。工作报酬、暴力犯罪和疾病也与人口有关，不过其背后是另一套数学编码。

自然选择也能用简明的规则解决计算问题。比如，单个蚂蚁用信息素标定巢穴到食物的路径，而当往返路径更短时，信息素更有效。因此，随着时间推移，越来越多的蚂蚁会追寻更短的路径。结果，这个群体“发现”了填饱肚子的最快路线。

对群体行为而言，计算成本与利益是所有生物都会进行的工作。这也是为什么有些生物是独行侠，而有些生物以百万级的数量群居生活。人类的社会、文明、经济体系以及个体行为显然受到这些规则的驱动。

从细胞组合成更大的生物体，到新行为和能力的产生，所有这些特性都根植于复杂性。但复杂性本身根植于一种更基本的宇宙特性，我们称之为熵。熵是对无序的一种测量值。随着我们的旅程延伸至更小的尺度，你会发现熵和不确定性越来越重要。它们是使你、你的手和你的细胞得以存在的要素。

$l_P=\sqrt{\frac{\hbar G}{c^3}}\approx 1.616\,199(97)\times 10^{-35}$ m

8

亚原子世界，开启尺度颠覆之门

10^{-6} 米，10^{-7} 米，10^{-8} 米，10^{-9} 米，10^{-10} 米

从 1 微米到 1 埃（或者说 0.1 纳米）

从细菌（原核生物）大小到大约氢原子直径大小

在这段穿越宇宙尺度的伟大旅程早期，我们仅仅跨越了 5 个数量级，就从可观测宇宙的尺度来到了我们自身所在的银河系尺度。这是一个巨大的转折，从宇宙所在的尺寸（当然了，宇宙是所有我们已知的空间、时间和物理的总和）来到了一些零散星系的领域，而每个星系都有它自己的故事。

做好准备吧，因为接下来，你将踏上一段更魔幻的旅程。在这里，你会再次跨越 5 个数量级（从 1 微米到 0.1 纳米），这是一段让人震惊的简短旅程，我们从可能较为熟悉的现实世界来到了一处非常奇怪的地方，此地存在于离我们并不遥远的日常感知的区间内。

让我们想象一幅画面：你正途经一系列连在一起的房间，如同身处《爱丽丝漫游仙境》所描述的场景之中。每个房间都有一扇窄窄的门，与下一个房间隔离开来，而你需要打开每个门，穿过去。每经过一扇门，当下的世界就会比门后的世界大 10 倍。

你打开第一扇门。在这里，填满你面前这个房间的，是涂满了一层厚厚黏液的活的细菌。这种单细胞实体是一种活跃的生物与机械的混合体，被包裹在半透明的膜里，形成了一种类似

原绿球藻可能是地球上最丰富的物种：1 毫升表层海水可能包含至少 100 000 个原绿球藻

全世界估计有几千秭（约 10^{27}）个原绿球藻

细菌的生物量约为 3.5 亿 ~ 5.5 亿* 吨碳。约等于地球总生物量的 1/3 ~ 1/2

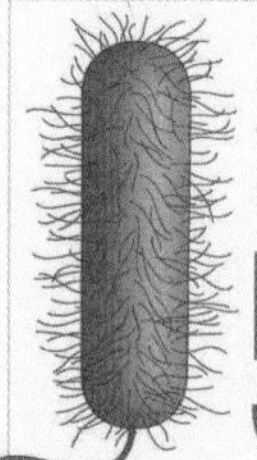

原核生物在地球干生物量（dry biomass）中的质量约为 5 500 亿吨

桡足类可能是所有动物物种族群中生物量最大的

在 1 克石油中约有 1 000 000 000 ~ 10 000 000 000 个细菌细胞

南极磷虾是单个动物物种中生物量最大的一种。

5 亿吨

你体内细胞的所有 DNA 的长度加起来达 740 亿千米（也就是地月距离的 193 000 倍）

地球上所有人类的 DNA 长度总和是 5 800 万光年

* 部分研究给出的这一生物量数据偏小，约为 0.5 亿 ~ 2.5 亿吨碳。

胶囊的结构。在“胶囊”的一端是旋转的、抖动的尾巴，或者说是鞭毛。“胶囊”的表面有无数微小的头发似的延伸物，叫作菌毛。“胶囊”里面是一堆遗传物质：一条 DNA 链，小型双链脱氧核糖核酸回路（也就是质粒），以及一堆更小的化合物和分子结构。

这种细菌是一种完全成熟的生物实体。它的化学工厂热闹非凡，化合物无止境地在膜上滤进、透出。与细菌这种生物的出现同样奇异的是，它们的行为似乎也充满目的性。细菌通过化学信息和电化学变化感知周边的世界，并对这些情况做出回应。

一个细菌，其上带有鞭毛（尾巴），还附着了病毒入侵者。

10^{-6} 米

从这个生物旁挤过，你来到了通往下一间更小量级房间的门前。现在请深呼吸，然后，拉开门吧。一个更加奇特，更加令人不安的形体充斥在这间房里。这是一个单体病毒：分子结构集合在一起，包裹在一个有节的、豆荚般的盒子里。其要点在于紧凑拥挤的蛋白质分子形成了小圈遗传物质，这便是病毒的编码。它是活的吗？它可能不以你熟悉的方式活着，但它显然不是死的：就在你观察它的时候，它钻出了一条自己的路，进入其他无自保能力的细胞的基因结构中。

这间房子内目之所及，有些奇怪的事发生了。我们很难清晰地看到这种病毒。通常你用来感知这个世界的光线并不会以你期待的方式与这种小东西进行交互。事实上，可见光波长的峰值比这些病毒要大。这些波无法以一种连续的方式反射或穿过这个小家伙。这种病毒并不会直接地出现。相反，它只是混淆了光线。当你眯着眼看时，就会看到另一种场景。

在你向第三扇门前进的路上，你必须摸索并探查前方的路线。可见光在这里会丧失作用。相反，你会感受到在自己那收缩的身体内，静电正与潜藏在下一间房里的生命进行互动。这就像是你戴着眼罩，蹒跚地探索前路，并发现你的手正处于某种波浪般、不平整、黏黏糊糊的东西上。

这就是大型分子的房间。这种骇人的生物是一种核糖体集合，一种对于生命现象非常重要的结构。它是合成蛋白质的重要一环。你伸手去触碰时，这个复杂的形式会移动位置并改变形状。这种核糖体一般附着在其他分子结构中，并通过一系列行动完成自己的工作，仿佛流水线的一部分。分子臂和基准点会收集并操控更简单的分子（比如氨基酸）来形成更大的结构。

这个过程是优雅而精准的，即使过程中充满了激烈的运动和震颤。核糖体需要几分钟的时间来积累和组装细胞生命组成物的重要部分。你能感觉到崭新的蛋白质链从其母体脱离出来，翻滚着折叠在一起。

趁它工作时，你从中挤过去，躲开它那带电的黏性凸起，并继续来到下一间缩小的房间。通过第四扇门，繁忙的分子似乎被一系列薄薄的、有规律性和对称性的 DNA 链所代替，这条 DNA 链扭转着，漂浮在核糖体周边。

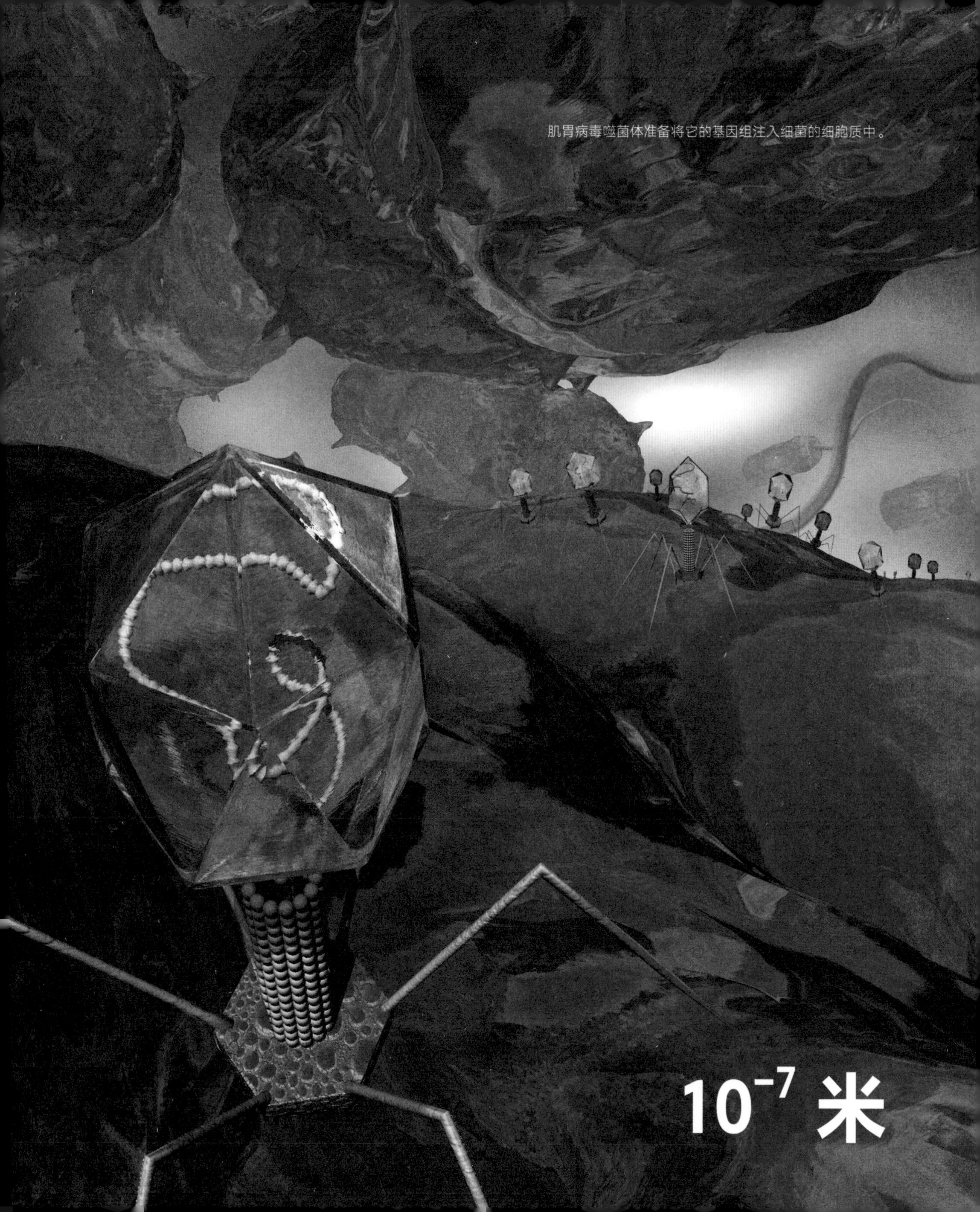

肌胃病毒噬菌体准备将它的基因组注入细菌的细胞质中。

10^{-7} 米

在这个尺度上，你真正感受到的是充斥着可能性的一方空间，是一屋子缥缈的静电推力和拉力。我们所能想到的与这种经历最接近的比拟，就是蒙眼尝试未知的食物和气味。这里有一份感官菜单，上面独特、繁复的感受首尾相连，排成一队。

我们将此处的一种实体称为碳原子。还有一些氧、氮、氢原子等，它们簇拥在一起，就像其他可识别的物体一样，形成相对简单的分子，我们称之为核苷酸：腺嘌呤、胸腺嘧啶、鸟嘌呤、胞嘧啶，沿着朝任意方向弯曲的一对糖－磷酸轨道分布。

然而，讨论“这些东西看起来像什么”已经完全没有意义了。有意义的是这些实体的“状态”，它们的电磁能，它们的震动和旋转，它们仍然无形的存在模式。走在它们之中，你会受到众多声音与恳求的冲击，这些冲击以吸引力和排斥力的形式表现出来，然而这种看似无序的杂音，可通过规律和信息被记录下来。

跨越门槛来到奇特世界

现在，你来到第五扇门前，继续向下一级进发。然而这一次，在你跨越这个门槛后，一些

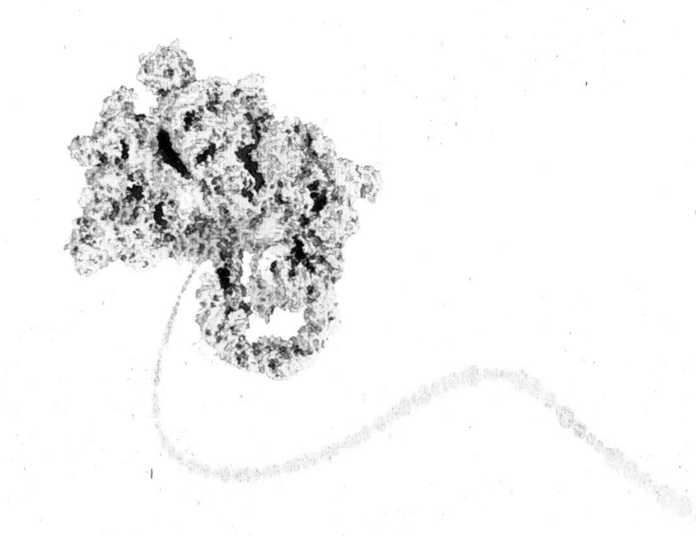

复杂的、运转中的核糖体。

10^{-8}米

极其古怪的事将会发生。你感到你自身发生了变化，这种改变在你意识的外围游走，在最后这扇门前徘徊，而现在，这种变化几乎成了你所感受到的全部。就好像你突然被抬升到极高处，向外呼气并发生了膨胀。

你不再是之前那个完整统一的你。你几乎同时在这儿，在那儿，在各个地方向外膨胀。而你面前的这个结构碰巧是个碳原子，它也一样奇怪。你无法以任何明确的方式感受到这颗原子。相反，你与时间和空间融为一体，分享彼此。你多半出现在原子前方，但也存在于原子的两侧。原子会对你的闯入做出反应。它的电磁场是一片充满负电荷的轻快移动着的云，然而这片云有自己的结构，即多少蓄着点电的区域。原子的深处，是一个正电荷，它保有对周身一切的决定性控制。

欢迎来到量子世界。事实上，经过这扇门的你并没有被改变，只是接触到了你本质的一个基本方面，而这一面一直存在。准确地说，你只是因为不断缩小的状态而被衍射了。

通常情况下，在你存身的那个量级，身体由无数的原子组成，组建完成后的身体比单个原子要大上几百亿倍。你以每秒几米的速度快速移动，在从一个量级来到下一个缩小 10 倍的量级时，任何衍射都会超出你的感知，突破目前任何测量设备的探查范围。但现在，在这样一个微小的，只有一亿分之一米的尺度，你无法迈着华尔兹舞步轻松穿过不同量级之间的大门，同时还指望着一切安好。作为现实的更深层本质，物质的波粒二象性充分地发挥了其效力。在这些微小的量级中，宇宙是一种概率，一种统计，一种拥有众多分叉路径和奇特关系的舞蹈。这种奇特性就是世界的核心，是让我们得以存在之物。

碳宇宙

正如我们目前所知的，生命建立在碳元素的基础上。为什么是碳?

碳原子只是恰好擅长构成所有种类的分子。它就像乐高积木中你最爱的那块，总能让你成功地完成最复杂的项目。

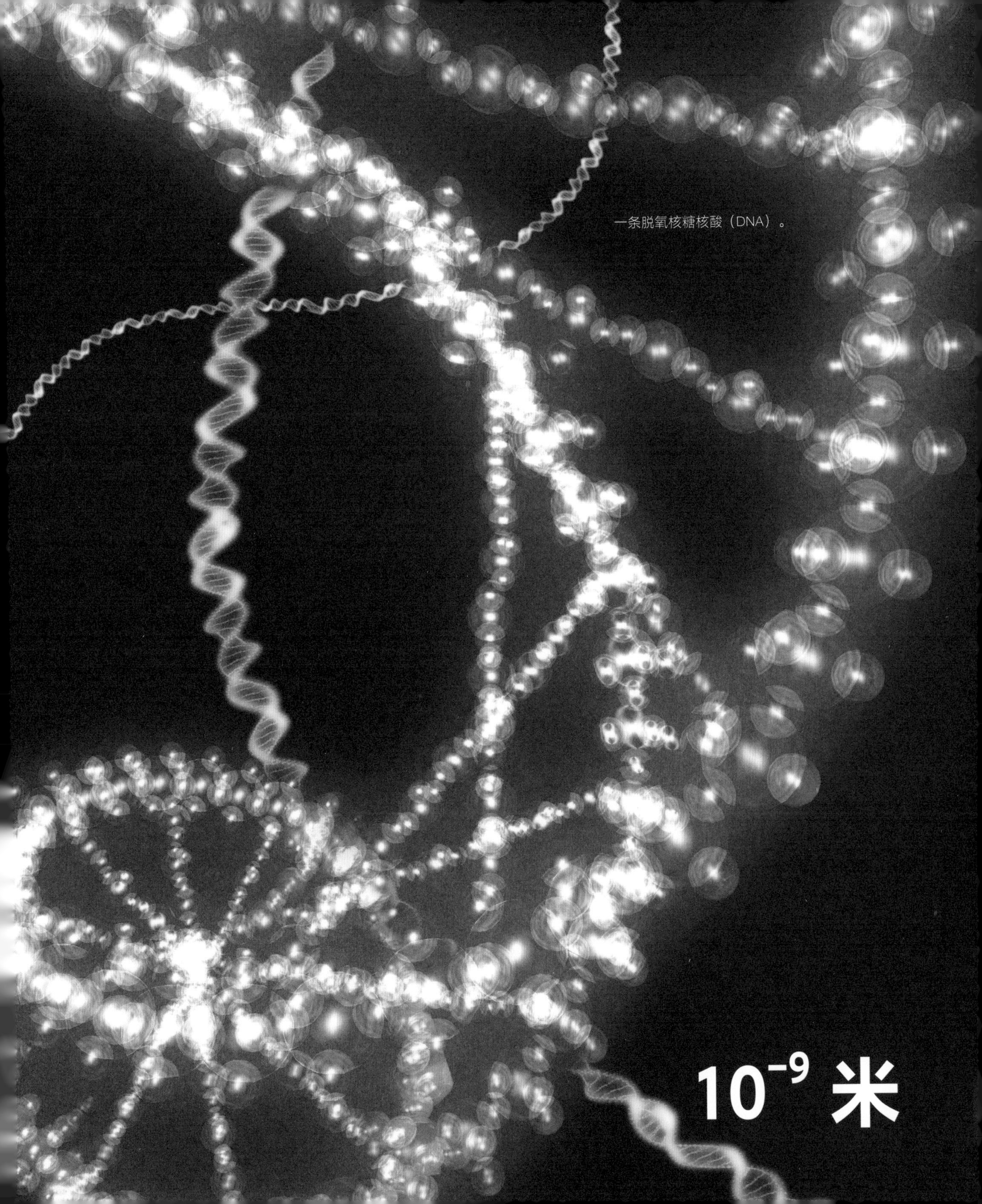

一条脱氧核糖核酸（DNA）。

10^{-9} 米

碳原子有 6 个电子。这些电子可以说排列得相当完美，其中 4 个（被称为价电子，valence electrons）能够轻易地被其他原子的原子核吸引，并与这些原子的电子共享空间。用量子语言来说，这些价电子占据了碳原子周边可能的空位，使得原子之间彼此有了联系，换句话说，形成了化学键。

举个例子，一个碳原子的价电子能够和另一个原子（比如氢原子）的价电子形成一个共价键，这个时候，有两个电子在原子之间高效共享，处于一种被称作“量子叠加”的状态（这是一种量子特异性，随着量级的进一步缩小，我们将越来越频繁地遇到这种现象）。新的碳 – 氢分子总体上会比之前的两种单独的原子拥有更低的能态。为什么这一点很重要？因为更低的能态提高了化学键形成的可能性。

当然，也有很多其他的元素像碳原子这样拥有 4 个价电子。比如，接下来，作为重元素的硅和锗也拥有这类电子结构。它们与碳原子间的区别在于，碳原子更轻，更小，形成或断开碳链所需的能量变化最少。最终的结局就是碳基分子在动力学上更加灵活，同时能够在无机化学发生反应的温度条件下形成、占有和破坏化学键。这一点在液态水的生成中尤其明显：碳基分子如同不可思议的溶剂一般，成为化学活动性的推动力。最重要的是，碳原子能够轻易地与其他碳原子连接，从而形成长的聚合物，或者链式和分支式结构，以及其他复杂的分子结构。

碳元素在宇宙中的来源也预示着量子物理的一个重要功能。如同其他所有更重的元素，碳元素是由恒星的核聚变（nueosynthesis，该词源于 nuclear fusion）产生的。但碳含量之丰富（在当今宇宙中，其原子数量排行第四，位于氢、氦和氧之后）有赖于宇宙的几个关键特性。

大部分碳形态经历了三重 α 过程：两个氦原子核融合，形成铍–8 原子核，接下来铍原子核与另一个氦原子核融合，形成碳。若抛开某些微妙的巧合不谈，这可能是个非常低效的形成碳的方法。这些巧合极具技巧，或许只有核物理学家才会喜欢，但它们还是值得了解的，因为它们能帮助你抓住基础物理与我们之间的联系。

第一个巧合发生在恒星的内部，铍–8 原子核和氦原子核的组合能量刚好能匹配带电的碳 –12 原子核。这种能量上的“共振”是个关键；它在很大程度上提升了下一步聚变（制造碳 –12）的速率。第二个巧合在于，铍–8 原子核恰好保持了足够长的稳定状态，因而有机

碳原子绑定 4 颗氢原子的概率密度电子云。

10^{-10} 米

碳原子的一生

在我们的生命中，没有其他任何一种元素扮演着如此重要的角色。我们复杂的生物化学完全依赖于碳能够形成强壮而又柔软的分子键的能力。你身体中的 10^{26} 个碳原子的每一个都经历了一段悠久的，关于机会、偶然和聚合的历史。

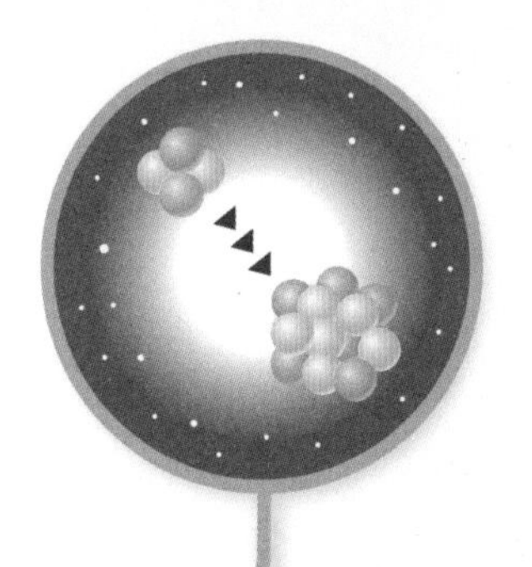

开始

1.100 亿年（10 Gyr）前，在宇宙恒星形成的高峰期，一个质量相当于 25 个太阳的恒星中发生了三重 α 氦聚变过程，在原始的氦原子核中，一颗碳 -12 原子核形成了。

2. 在那之后的 100 万年，这颗恒星变成了超新星，将碳原子核喷射至太空中，在太空中，它捕获了电子，形成了一颗原子。

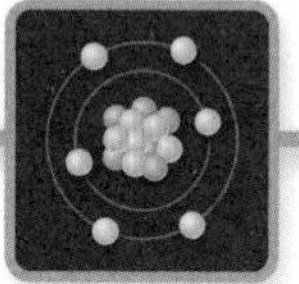

3. 碳原子在星际空间中飘浮了 20 亿年。

4. 碳原子与一颗氧原子结合形成了一氧化碳（CO），继续在星际空间中飘浮了 20 亿年。

5. 在星系的一次分子云 / 星云的坍塌中，一氧化碳被捕获。

6. 一氧化碳被混编进原行星盘系统。

7. 几百万年后，一氧化碳在冰冷的尘埃颗粒上发生反应，形成了甲醇（CH_4O），并被嵌入了一颗岩石天体之内。

8. 岩石天体在月球刚形成（4.5 Gyr 年前）时跌落到早期的地球上；碳混入了岩浆洋之中。

9.1 亿年后，碳以二氧化碳（CO_2）的形式被释放到地球的大气中。

10. 二氧化碳被一种细菌吸收，细菌使得碳沉积在海底的石灰岩上。

11.1 亿年后，石灰岩被冲击到地球更表层的地幔上。

12. 约 35 亿年后（距今 4 亿年前），碳以二氧化碳（CO_2）的形式被火山再一次喷发到大气中。

13. 最终，在 3 亿年后（距今 1 亿年前），二氧化碳（CO_2）被新的行星表层植物给消耗掉。

14. 植物被恐龙吃掉；碳被组合进氨基酸分子中。

15. 恐龙死掉、腐烂；碳被昆虫食入，并组合进昆虫的外骨骼内。

16. 昆虫的身体被内陆海的淤泥沉积覆盖。

17. 海水蒸发，泥沙留下；几百万年后，侵蚀将碳带入岩石粒子中，并被冲刷到表面的土壤沉积中。

18. 人类在土壤中种植马铃薯。碳作为有机物黏附到马铃薯上。

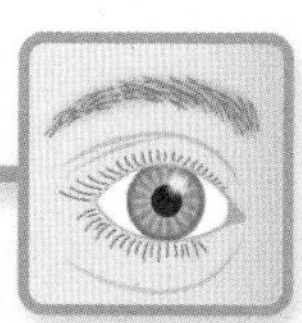

19. 你吃掉了马铃薯；碳原子被合成进入你的 DNA 中，并存在于你视网膜的一个细胞中，而此刻你正在透过视网膜阅读这一页。

会捕获一个从周边经过的氦原子核。最后一个巧合是，新的碳 –12 原子核并不擅长迅速融合其他空余氦原子核从而形成更重的氧原子核，所以碳不仅不会被吞食、变成氧，还会一直存在，直到几十亿年后形成你身体里的 DNA。

审视这种现象的另一条路径就是去探讨，我们的存在以及我们已知的那些生命形式如何深刻地取决于这些深奥的物理学。某些思想家将此视为生命和宇宙学间的深层联系，视为一种“人择理论”认为，正是因为我们在此处观察宇宙，它才“刚好呈现出此般面貌”。对另一些人来说，万物不过是恰好呈现出这种效果，尤其是在考虑到我们的宇宙只是多重宇宙的其中之一后。对于宇宙是否被迫产生生命，你可能有你自己的想法。不论哪种观点，都是深夜辩论的绝佳话题。

这些关于原子核的故事和谜题，以及我们旅程的这一阶段中不断缩小的房间，都只是接下来的旅程中的调味剂。现在，我们已经一脚迈入量子宇宙的大门了，让我们向着存在的根源继续深入吧。

原子内部。

10^{-11} 米

9

难以置信的空洞

10^{-11} 米，10^{-12} 米，10^{-13} 米，10^{-14} 米，10^{-15} 米
从 10 皮米到 1 飞米
从 X 射线波长到大约一个碳原子核大小

握紧拳头。现在假想一下，你的拳头代表着原子的原子核大小。那么按比例计算，整个原子的半径大约是 5 千米。原子的 99.9999999999999% 都是空的（一个典型的原子核，体积只有整个原子的万亿分之一左右，却占据了原子 99.9% 的质量）。

因此，如果把所有空余的原子空间全部排除在外，你便能够将 70 多亿人挤压成一块方糖那么大。在地外空间，比如中子星上，引力正在做同样的工作：创造出一个由特殊状态的原子核物质（退化物质）组成的天体，直径只有 10 ~ 20 千米，然而其质量相当于一颗恒星。

这些空旷也意味着你的旅程的下一阶段——从 10^{-11} 米（10 皮米）到 10^{-15} 米（1 飞米）的量级，是一片让人难以置信的空洞。事实上，这比你之前经历的星系际和星际太空之旅要恶劣得多。至少在那里，偶尔还有一个分子或一颗星际尘埃陪着你。而在原子内部，哪怕是遇到一个转瞬即逝的电子都成了一种奢望。虽然电子的物理尺寸不太容易定义（甚至可以说，电子的物理尺寸并没有多大意义），但有些实验表明，电子的大小不及原子的原子核大小的千万分之一。

这段穿越空荡原子的旅程确确实实能使你拥有更多的时间，来思考包裹着你的空间的基本

如果你的拳头是一个原子核，那么图中这块区域就是整个原子的大小。

性质，以及这种性质是如何与你在上一章中从最细微层面上体验到的奇特现象相关的。

在我们当前对宇宙的探索之旅中，概念上最具挑战性的问题便是基本现实的量子性质。虽然量子物理让人迷惑不已，但这显然就是宇宙运行的方式。

我们成功地将量子物理的数学描述与自然（比如原子物理学）融合起来，从而制造出一些目前人类所知的最精确、预测能力最强的工具。在量子领域，我们也推导出一些关于宇宙基本性质的最精确的实验测量数据。我们测量了一些古怪但又十分重要的对象的数量，例如所谓的电子反常磁矩（anomalous magnetic moment of the electron），其精度达到了惊人的小数点后 11 位。我们的量子电动力学（QED，包含相对论物理学）曾精确地预测出这一数值，达到了同等级别的精度。

仍然是原子内部；远处出现了一个小亮点。

10^{-12} 米

我们对这些微观现象进行的数学物理研究效果极好，应用了功能多样的研究工具，涉及范围从狄拉克矩阵和波函数的构建，到优雅直观地描述粒子相互作用的费曼图。我们也发明出了强大的、高度数字化的设备，它们的名字令人印象深刻，比如“对称环境”“希尔伯特空间”“运算符”，以及“特征值”。

然而，所有这些数学物理研究的核心都是一种让我们备感困惑的反常物理。海森堡不确定性原理告诉我们，物体和系统的特性是不可分割的，两者具有互补性。比如，我们无法同时精确地测量一个粒子的位置和动量：若其中一个数值测量得比较精准，那么另一个就无法确定。这种不确定性并不只是由我们的观测所导致的，它是一种固有的属性。

微小物体呈现出的特性，既可归于离散粒子，又可归于波型实体。而在我们传统的、宏观的世界中，粒子与波这两种特征通常是互不兼容的。

科学家仍在尝试解决所有这些问题，而我们也有一些选择能够帮助我们理解量子世界。

量子物理的三大阐释

举个例子，量子力学中所谓的“哥本哈根解释”表明，唯一的真实只来自概率和统计。这就像是沿路向下滚动的骰子一般。本质上，粒子既不在此处，也不在彼处，直到某物和粒子发生了交互作用后，这些粒子的位置才得以确定。它们的去向由概率云给定，由波函数描述，其精确的行为由一种叫作薛定谔方程的数学装置所获取。一旦对粒子进行观测（影响），波函数就会“坍塌”，并由此确定粒子的位置和性质。

哥本哈根解释认为，在波函数失效之前，根据方程所述，粒子本质上存在于任一位置、所有位置。如果我们不喜欢这一点，那可就不好办了，毕竟大自然才不关心我们是否开心。

虽然哥本哈根解释是关于量子力学基本性质的理论中最受欢迎的观点，但它并非唯一的。另一种观点曾在 20 世纪早期及中期被提出，该观点认为，粒子确实如离散的“传统”实体一

更远处，但仍然在原子内。

10^{-13} 米

量子力学的三种不同解释

虽然量子力学对于原子、量子及亚原子粒子等系统的描述十分出色，但物理学家仍然在争论，在更深层次上粒子究竟发生了什么。

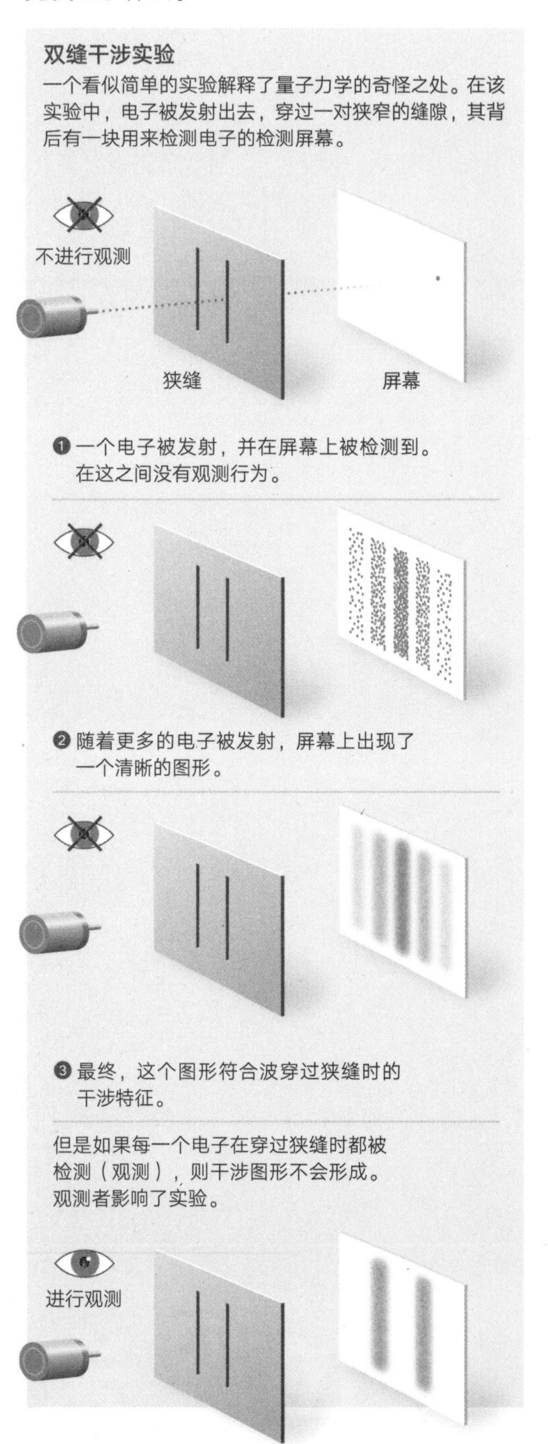

双缝干涉实验

一个看似简单的实验解释了量子力学的奇怪之处。在该实验中，电子被发射出去，穿过一对狭窄的缝隙，其背后有一块用来检测电子的检测屏幕。

❶ 一个电子被发射，并在屏幕上被检测到。在这之间没有观测行为。

❷ 随着更多的电子被发射，屏幕上出现了一个清晰的图形。

❸ 最终，这个图形符合波穿过狭缝时的干涉特征。

但是如果每一个电子在穿过狭缝时都被检测（观测），则干涉图形不会形成。观测者影响了实验。

哥本哈根解释

玻尔
（Niels Bohr）

电子没有明确的位置，在穿过双缝时，呈现出波的形态，在与自身发生干涉行为之前，形成了屏幕上的图形。观测使得波“坍塌”了，只留下了粒子形式。

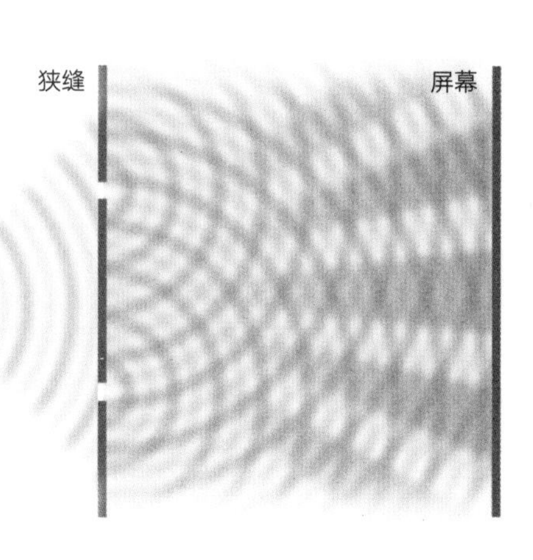

德布罗意 – 玻姆理论，或称导航波理论

路易斯·德布罗意
（Louis de Broglie，左图）
和大卫·玻姆
（David Bohm，右图）

电子具有明确的位置，穿过一条或者另一条狭缝，但被“导航波”牵引，由此决定了电子最终所处的位置，形成了干涉图形。观测导致导航波“坍塌”。

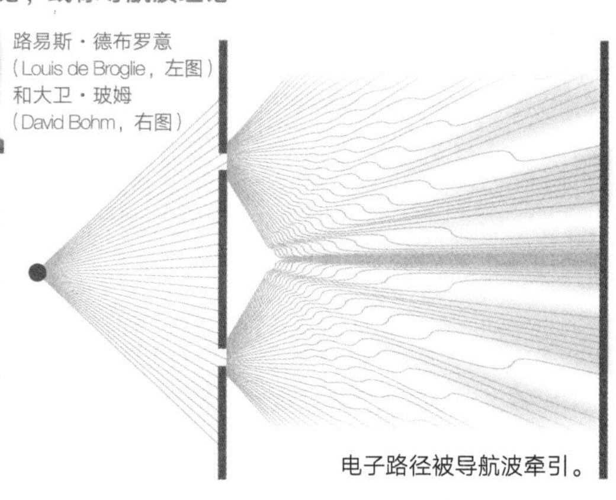

电子路径被导航波牵引。

多世界解释，或称埃弗雷特解释

休·埃弗雷特三世
（Hugh Everett Ⅲ）

在我们世界中的电子也在其他众多世界中存有副本。双缝实验的结果可能是由于这些世界在电子的位置上相互撞击而导致的。

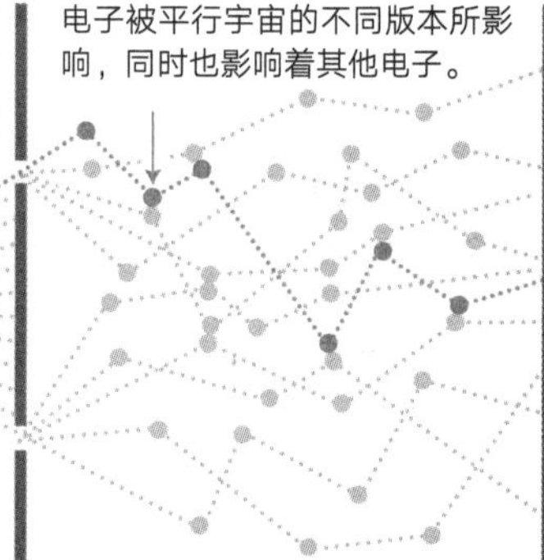

电子会遵循所有可能的路径前行，这些路径处于不同的平行宇宙中。

电子被平行宇宙的不同版本所影响，同时也影响着其他电子。

般存在，它们有着明确的位置，但同时与一种叫作“导航波”的物质一起存在。导航波决定了粒子移动的路径及方式，例如，它们会衍射和干涉粒子（另外一种波状性质，我们可在 10^{-10} 米这一量级中遇到，也就是最后一扇导致你身体衍射的缩放房门）。我们需要两个方程来描述对量子世界的这种解读：一个是波函数，另一个是将粒子行为与波关联起来的方程。

这种所谓的量子力学德布罗意－玻姆理论（de Broglie–Bohm version）与哥本哈根解释中的许多预测是一致的，但它坚持认为粒子就是粒子，波就是波。这一理论也暗示宇宙是确定不变的。所以如果你知道宇宙中某一瞬间所有物质的性质，你应该（原则上）能够预测出未来会发生什么。

但是一个被称为非局域性（non-locality）的棘手问题出现了。本质上，两个粒子之间一旦互相有了联系（例如，两个粒子是在同一亚原子过程中产生的），那么当它们冲向宇宙时，它们仍会保持联系（纠缠）。一个粒子随后的状态将会影响另一个粒子的状态，即便它们的距离非常遥远。这种性质能够在对光子、原子甚至更微小的固体物质所进行的实验中得到证实。这也是量子领域中最奇特的方面之一。

波的干涉图形。

哥本哈根解释处理了这种“鬼魅般的超距作用”（爱因斯坦的说法，用来描述他对量子物理整体性质的怀疑），不过其处理方式基本相当于耸耸肩说：“事情就是这样的。”德布罗意－玻姆理论试图做出更进

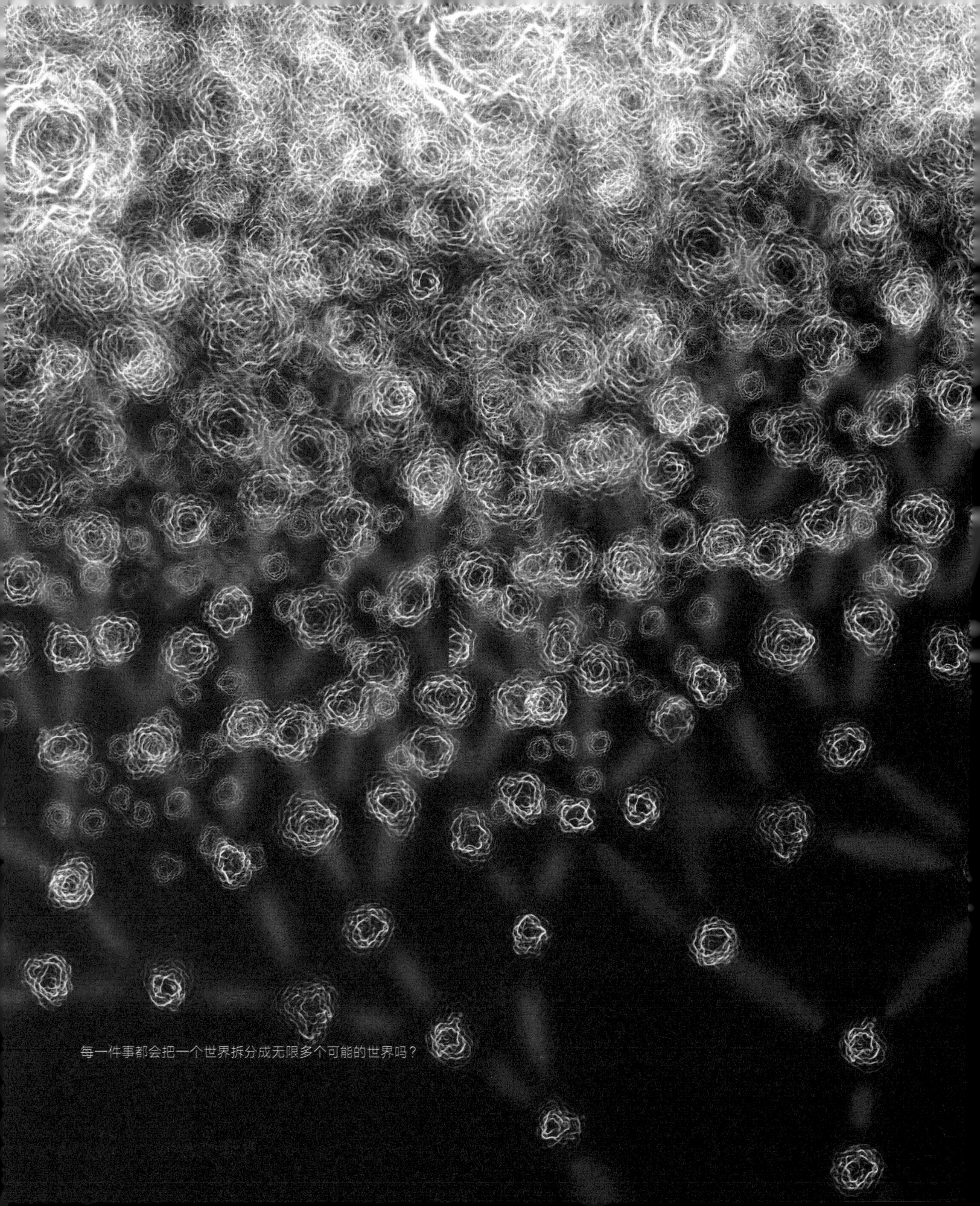
每一件事都会把一个世界拆分成无限多个可能的世界吗？

一步的处理，它表示一个系统的波函数没有空间限制，它确实遍及全宇宙。一个粒子的行为总是与其他任何由同一波函数掌控的粒子绑定在一起。

但是还有另一种理解量子力学的方法：多世界解释，或称埃弗雷特解释。用基本术语来说，多世界理论认为，波函数描述了某物既不“坍塌”也不“引导”粒子的发生概率。相反，所有能够发生的可能事件一定会发生，只不过它们不在同一个世界里发生。

这是一种非常具有挑战性的后设理论：宇宙中的一个电子发生碰撞的每一种可能的结果，每一个光子的折射和衍射，每一种放射衰变，每一个亚原子事件，都衍生出了一个独立的世界，都对应着一种平行的存在，特定世界会产生特定的结果。换句话说，我们所经历的这一瞬间的世界，只不过是这一瞬间所发生的无限可选路径中的一条。

有了类似这样的观点，还有谁能“指责”物理是无聊的呢？

颜色、气味以及复合材料

所有这些对于量子的思考都说能帮助你度过缩小量级时遭遇原子空白的时间。随着我们到达 10^{-15} 米的量级，我们就可以仔细看看宇宙的一些原始成分了。我们即将近距离接触原子核物理。

在每个原子的中心处，是其原子核。最简单的原子就是一个单独的质子，一个具有正电荷、质量约为电子的 1 836 倍的粒子。将更多质子放在一起，那么中子的数量自然也会增加。中子，即电中性粒子，它几乎只比质子质量重 0.14%。稳定的原子核倾向于有着几乎相同数量的质子和中子。但是总体来说，中子与质子的数量之比，会随着原子核大小的增加而增加。比如，最普遍的稳定元素铁，其原子核拥有 30 个中子和 26 个质子。

原子核是个棘手的问题。它们看上去很复杂，质子和中子通过一种原子核力（“强原子力”）“感受”所有其他质子和中子的存在。完整的原子核能够呈现一系列的行为，包括“令人激动的”能态，甚至那些双中子位于主原子核之外的情况，即晕核（halo nuclei）。过去几年里，物理学家给原子核建立的模型包括将它们描述成液态水滴，或者是有着能量外壳的全量子物体（与原子的电子极为相似）。

不同数量的中子可以与拥有同样数量质子的原子核绑定，这导致了同一元素中有差别的原子，即同位素，这一系列原子通常是不稳定的（放射性的）。每一种元素都有36种不同的同位素，元素氙和铯的同位素最多：氙有9种稳定的同位素和27种具有放射性的同位素，而铯有1种稳定的同位素和35种不稳定的同位素。

属于同一元素，但作为不同同位素的原子有类似的化学性质，因为它们分享和交换电子的方式大体相同。但是不同同位素的质量和电子能级的微妙变化，确实会导致一系列可检测到的不同行为。比如，生物通常更倾向于由更轻的同位素构成，最简单的原因就是，更轻的原子活动所需的能量更少。在观察某个环境样本中存在什么样的同位素时，这种倾向性能帮助我们检测生命系统的存在并解密其行为。温度也会对不同同位素的化学反应产生不同的影响。这改变了化合物中的同位素比率，留下了能够延续成百上千年，甚至亿万年的独一无二的特征。

之前游览星系区域时，我们便找到了地球的原子核花园之起源。因为我们的太阳系是星际物质浓缩而成的，所以地球上的所有原子核都有着一段长长的历史，深锁在它们10^{-15}米的区域内。在自然界，恒星中的核聚变所生成的重元素中，最重的是铁元素（稳定的铁元素拥有56个质子和中子）。聚变反应吸收热量，意味着它们所释放的能量不再比开启聚变反应所需的能量多。这使得那些暴烈的超新星，或者古老又巨大的恒星能够形成更重的元素。在这种高能态的环境中，多余的中子和质子实际上能够被迫结合在一起，即使该过程吸收能量而非释放能量。这就是钴、镍、铀甚至钚等元素形成的地方。

我们也发明了形成更大、更重的原子核的方式，比自然界能够形成的还要大。超大原子核非常独特：一个相对稳定的有着非常多质子和中子的小岛，与原子核本身内部的倾向性能级相关。目前最大原子核的纪录持有者是oganesson（之前叫作ununoctium，源自拉丁文的“118”），其质子数为118（中子数176），但它只有890毫秒的半衰期。

但是，这些如此丰富的复杂性究竟来自何处？严格来说，质子和中子并非真正的基本粒

碳原子的原子核。

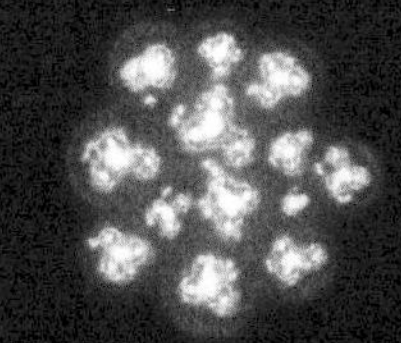

10^{-14} 米

原子

元素的最小组成单位，表现出元素的化学性质。原子由小而重的原子核与一个或多个占据了大部分空间的电子通过电磁力结合组成。

分子是两个或更多原子结合在一起组成的，是化学物质的基本单元。分子中的原子可能属于同一元素，也可能来自不同元素。

亚原子粒子包括复合粒子和元素粒子。

复合粒子

由两种或更多元素粒子所组成的粒子。一个原子核的质子和中子是复合粒子，因为它们由夸克组成。

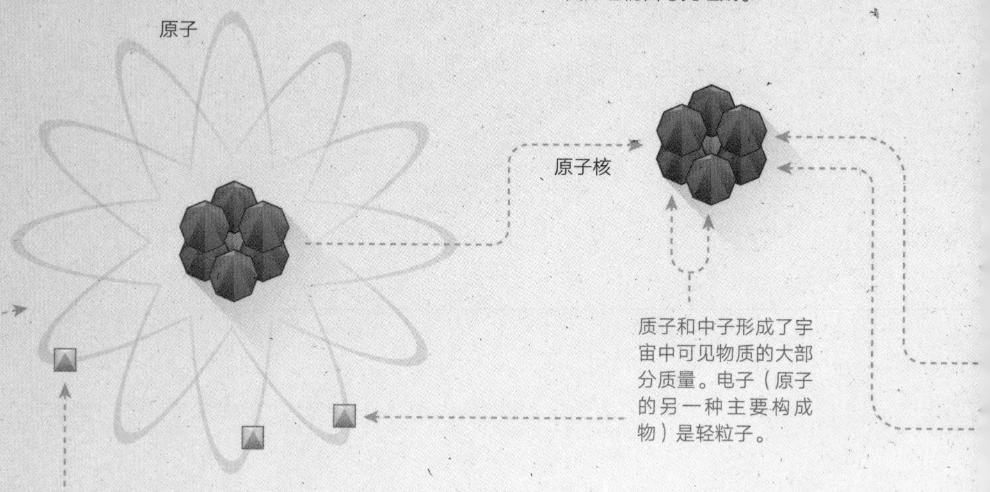

元素粒子（不由其他粒子构成）

夸克无法被直接观测到，并有6种“味道”。只有夸克能够经受所有基本力：电磁力、引力、强相互作用力、弱相互作用力。

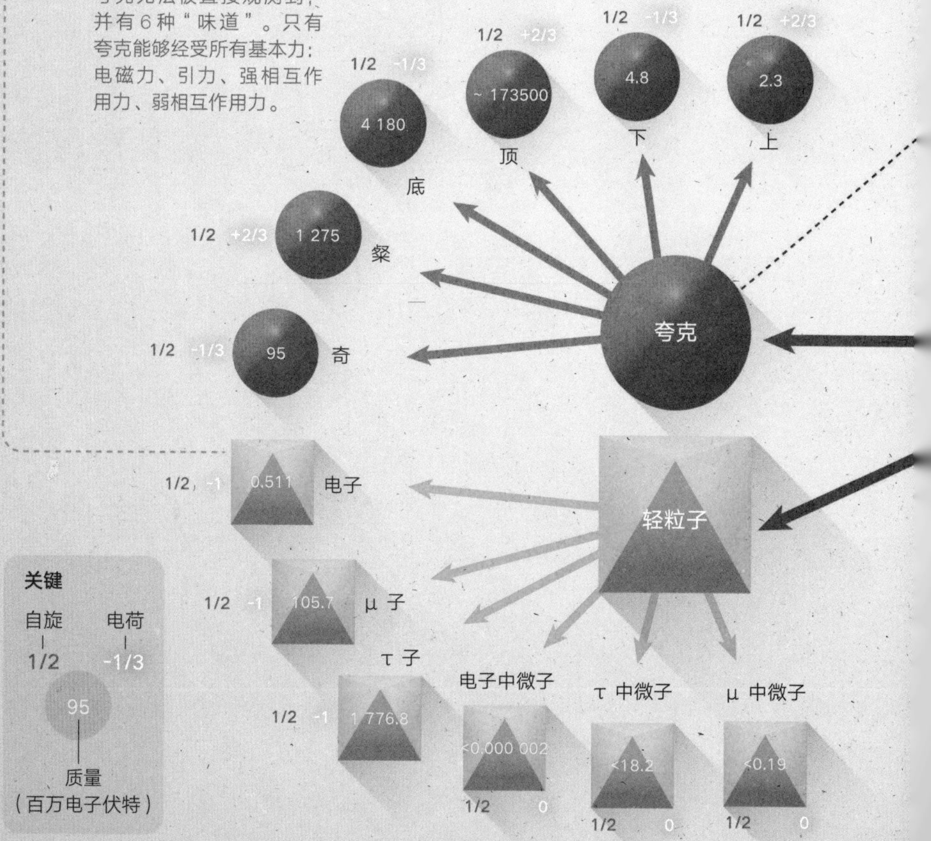

亚原子粒子

遍布宇宙的基本要素，包括光子、希格斯玻色子等。诸如质量、电荷及量子力学“自旋”等的性质刻画出一组不同的族群。亚原子粒子的存在时间是短暂的，它们在不同的条件下被创造和毁灭，其能量和质量可交换。

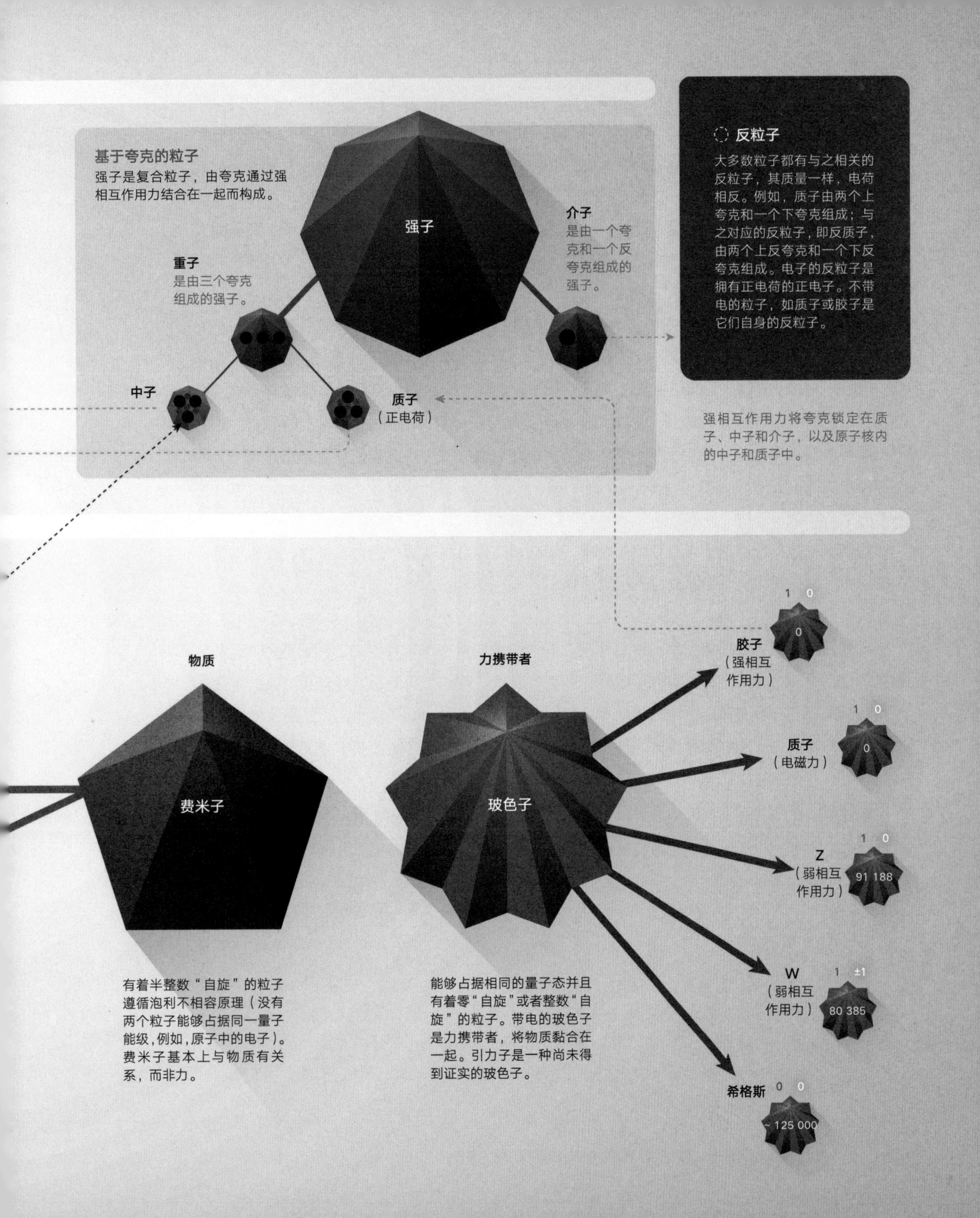

基于夸克的粒子
强子是复合粒子，由夸克通过强相互作用力结合在一起而构成。
强子
重子
是由三个夸克组成的强子。
介子
是由一个夸克和一个反夸克组成的强子。
中子
质子
（正电荷）
反粒子
大多数粒子都有与之相关的反粒子，其质量一样，电荷相反。例如，质子由两个上夸克和一个下夸克组成；与之对应的反粒子，即反质子，由两个上反夸克和一个下反夸克组成。电子的反粒子是拥有正电荷的正电子。不带电的粒子，如质子或胶子是它们自身的反粒子。
强相互作用力将夸克锁定在质子、中子和介子，以及原子核内的中子和质子中。
物质
费米子
有着半整数“自旋”的粒子遵循泡利不相容原理（没有两个粒子能够占据同一量子能级，例如，原子中的电子）。费米子基本上与物质有关系，而非力。
力携带者
玻色子
能够占据相同的量子态并且有着零“自旋”或者整数“自旋”的粒子。带电的玻色子是力携带者，将物质黏合在一起。引力子是一种尚未得到证实的玻色子。
胶子
（强相互作用力）
1 0
0
质子
（电磁力）
1 0
0
Z
（弱相互作用力）
1 0
91 188
W
（弱相互作用力）
1 ±1
80 385
希格斯
0 0
~125 000

子。相反，它们也是组合物。一个质子实际上是由 3 个叫作“夸克”的实体组成的（两个“上夸克”和一个“下夸克”），这 3 个夸克通过强原子力（或色力）绑定在一起，介于其间的是几乎无质量的“胶子”，它们在很短的距离内进行交换。夸克携带了 1/3 单元的电荷（一个单元为一个电子所携带电荷），能够经受所有基本的相互作用——引力、电磁力、强相互作用及弱相互作用。一个中子也是由 3 个夸克所组成的，一个上夸克，两个下夸克。

请深吸一口气，接下来还有更多粒子等着我们。刚刚提到的只是质量最小的夸克，还有一些质量稍大的粒子（并未在质子或中子中找到），它们有着不同的“味道”，被叫作“奇夸克”“粲夸克”“顶夸克”以及“底夸克”。另外，质子质量和中子质量的 99% 都来自夸克的动能（运动的能量）及胶子的能量（感谢爱因斯坦的相对论）。如果能拆分出单个的夸克，则它本身几乎是没有质量的。在质子或中子中，这 3 个夸克也成了一片虚无的夸克和反夸克云，叫作“海夸克”。

如果以上这些没有给你带来任何安全感，那么欢迎你来到亚原子的奇异世界。在你穿过空荡的原子后，这里是一片崭新的富有活力之地。

让我们暂停下来，思考一下。50 亿年前，我们只是宇宙中零星存在的、污垢般的“元素”，飘浮在太空中，这些元素自行组成了电子、夸克和胶子。现在，我们是能够自我维系的生命形式，已经进化出对自身和周边宇宙的认知。我们的大脑使用着 860 亿神经元，经历了许多代的更迭，我们发明出了能够揭露本质的数学结构，而它与我们的日常经验基本毫无共通性。

这种情况被享誉世界的爱因斯坦总结出来，他十分震惊地宣布，宇宙中最让人无法理解之事恰恰在于宇宙是可以理解的。换句话说，真正让人无法理解的，就是宇宙能够理解它自己。

质子和中子本身是复合物。

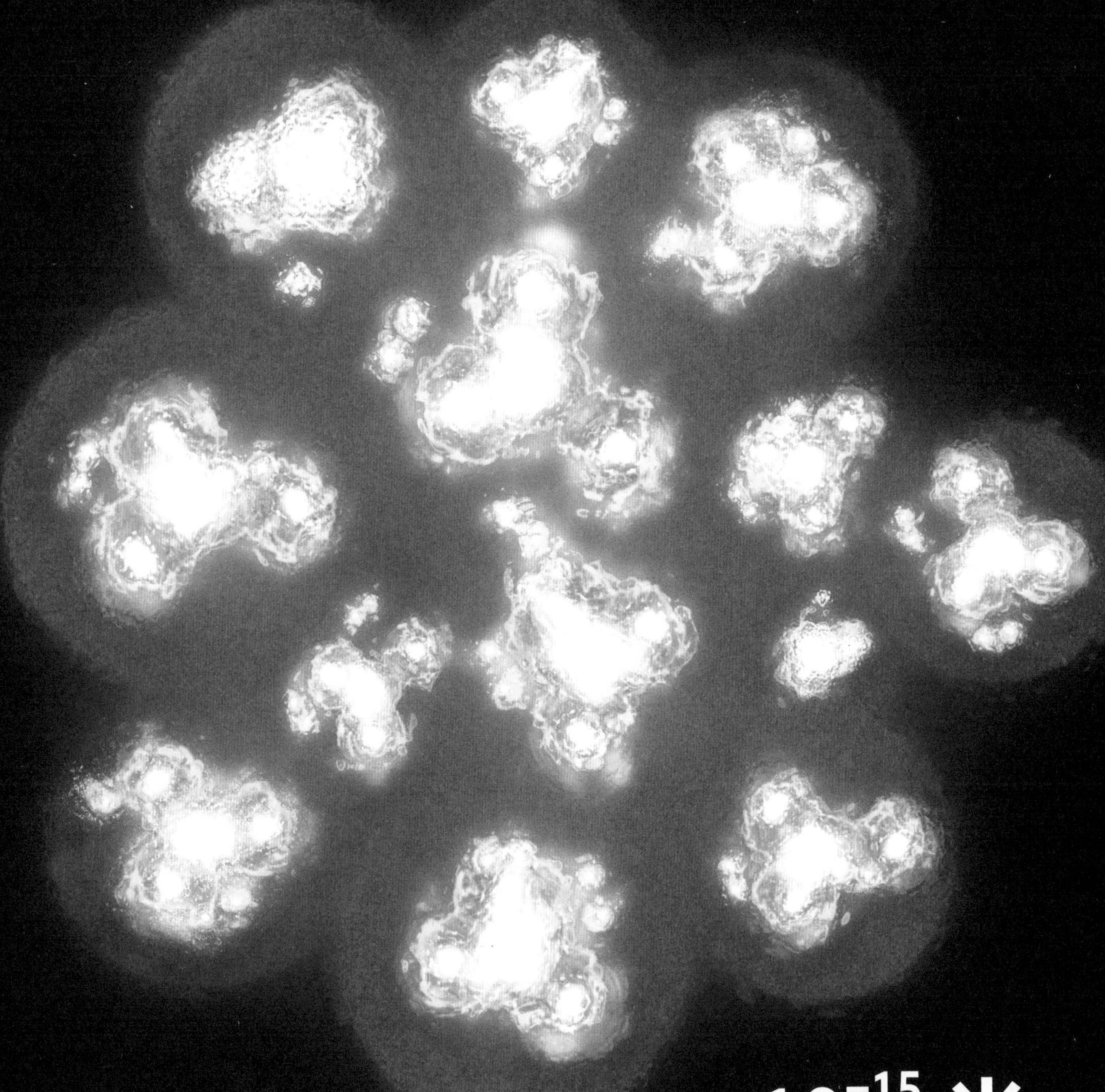

10^{-15} 米

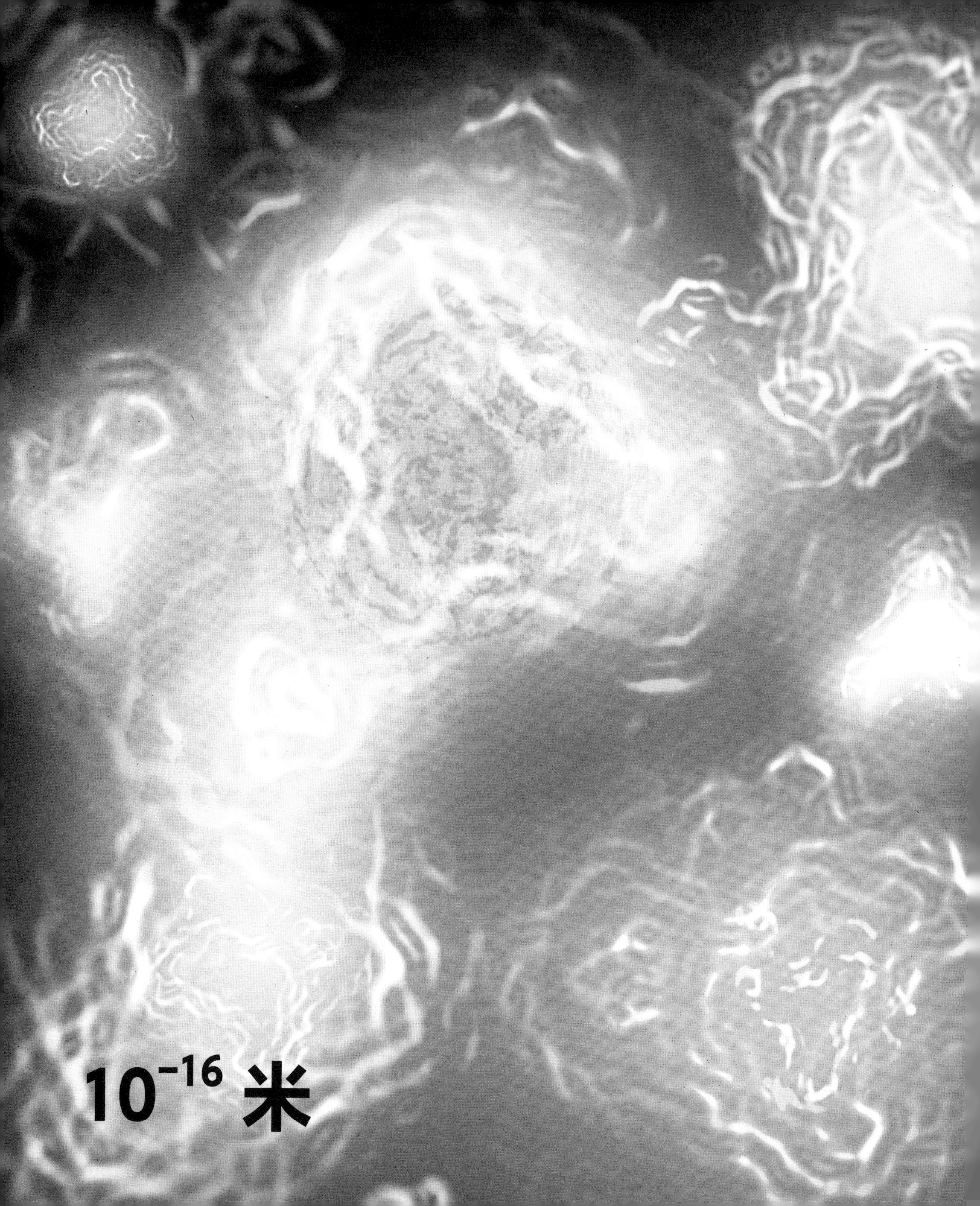
10^{-16} 米

10

时空深处的旅程终点

10^{-16} 米，10^{-17} 米，10^{-18} 米，以及……10^{-35} 米
从 1/10 飞米到普朗克尺度
从近似质子半径到几乎空无一物

这里将是最后一个量级。从 10^{-16} 米开始，或者说从质子这一量级开始，我们跳到了一条通向兔子洞底部的路径上。

令人震惊的是，我们的最终目标指向了第 19 个数量级。这段旅程与前几章中从整个可见宇宙到熟悉的地月系统这一部分类似。但这所有一切都发生在一个质子之内。

质子的内部结构比我们所预想的要复杂和混乱得多。虽然我们已探测出这个复合物只包含 2 个上夸克和 1 个下夸克，但是这只是一部分而已。

拉到更近处来观察，我们发现，这个复合粒子的结构包含一堆胶子和成对的夸克与反夸克，后者在不确定性原理的容差范围内出现又消失。能量和时间被借出又被平衡；物质在宇宙记账员生气之前出现又消失。

如果在某一瞬间，你能够挑出所有互为补充的夸克和反夸克，那么质子内部将只剩下 2 个上夸克和 1 个下夸克。这 3 个夸克也就是外界世界能够探测到的东西，它们具有不对称性。

质子的内部是一片虚拟粒子海。

在这些量级以及此般异样的环境中，我们有必要改变早先的一种观点：现实是由“粒子”和“波”组成的（然而波的数学应用在这些量级中仍然是值得一提的重要部分）。相反，经过深思熟虑，我们用“场”和“量”予以替换，这种说法更易理解。

从石质工具到场理论

场是一种数学函数，是一种代数的精巧设计，能够生成一种在某些时刻取决于物理位置（x，y，z）以及时间的结果。这个结果可能是一条橡皮筋的长度，可能是大气的压力或者在特定地点、特定时间的海平面高度。场的概念十分抽象，所以它可能也适用于所有物理量和各种现象，从深奥的数学族群到政治家的自我认知范围，而不仅仅适用于物质。

虚拟的糊状物。

10^{-17} 米

严格地说，你也能创建一个适用于物理中许多基本现象的场。比如，电磁力能够用场的数学来表示。同样，爱因斯坦的广义相对论公式也能用场来解释。事实上，物理中场的一个重要性质就是，它并不需要关注它自身与它所处其中的媒介的关系。

场能够移动，也能被改变，变得有能力携带波。这些波或许只能以特殊状态存在。关于场携带波的行为，如果我们忽略一大堆使之得以实现的数学物理原因，那么简单来说，这一行为使我们来到了“量”这一观念的边界。

想象一种场，其中的能量能够使波以一定幅度、频率和均势（静息水平）进行传播，就像池塘水面上的涟漪。但碰巧这些波的频率是不连续的。存在一个最小的潜在频率（或者说潜在的最长波长），而且该频率并非为 0。这就像是池塘的涟漪绝不会超过某个最大距离。

这些便是相对论量子场的特性。最小的潜在频率实际上与量子场对应。就像池塘中波及范围最远的涟漪般，这种量子具有最小的能量，而能量又与我们之前所说的粒子（感谢爱因斯坦的著名公式：$E=mc^2$）的质量对应。其他形式的场不需要大量的粒子，例如量子色动力学和无质量胶子的场理论。

你可能已经晕头转向了，所以我们便将这里画为底线吧：最好将那些所谓的粒子看作各种相对论量子场的量子，也就是量子场所能形成的最低频的涟漪。无论这些粒子是电子、质子、夸克、胶子，还是从中微子到希格斯玻色子的其他东西，它们都是量子场的激发源。所以，当我们讨论到亚原子物理时，我们实际上讨论的是来自场的回弹。当你听到科学家们因探测到一种希格斯粒子而感到激动时，实际上，让他们激动的并非那种粒子，而是粒子所揭露的希格斯场的存在。

这是一种思考亚原子宇宙的方法。我们正在触及人类知识的真实底线和调查工具的局限性。场、波和量只是我们寻求洞察世界基础的一个方面。它们也恰好给我们提供了一些科学史上对世界特性所做的最为精准的理论预测。

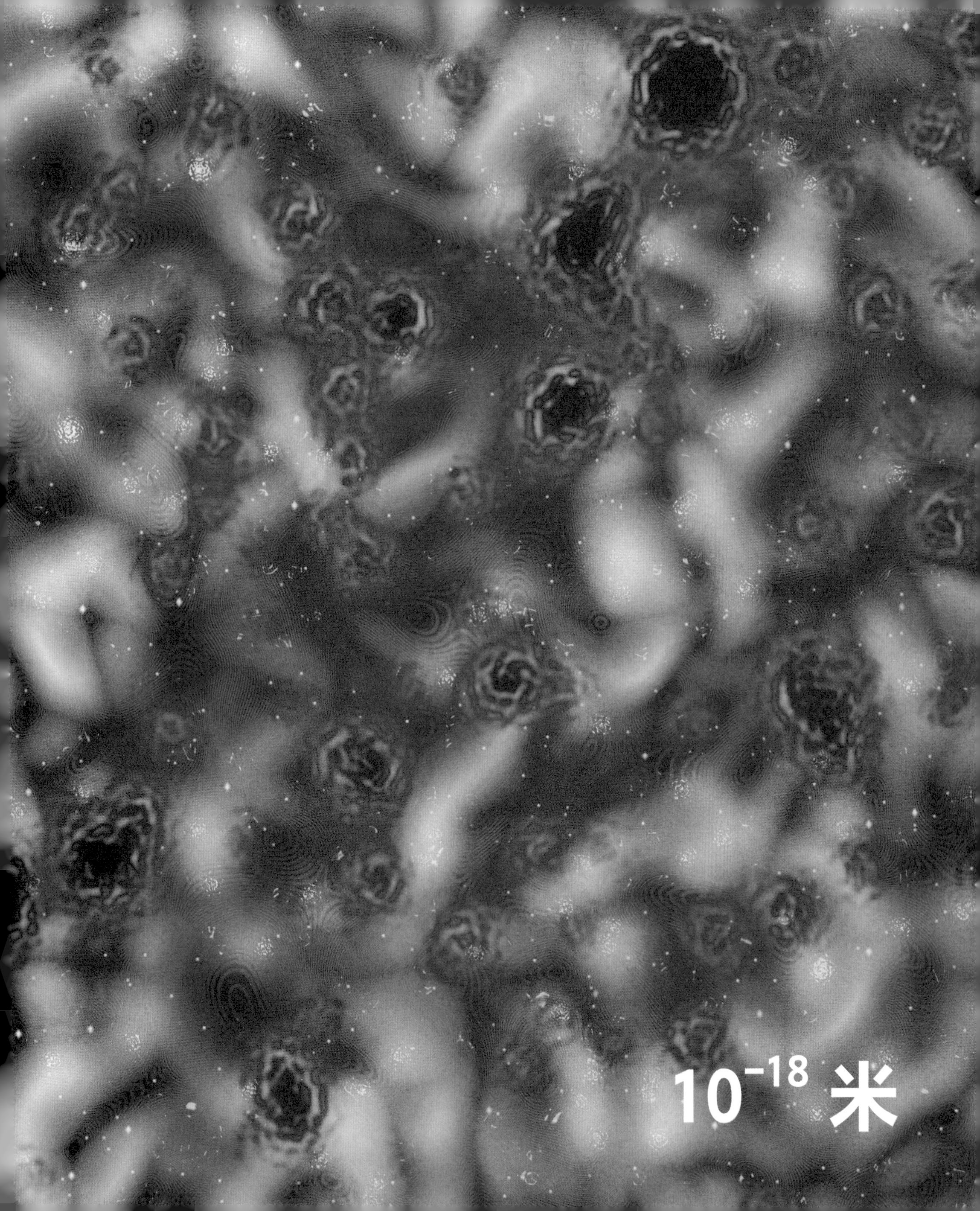

10^{-18} 米

物理宇宙说明

数学语言允许我们尽力解决物理现实的性质。但是随着我们理解的不断深入，从纯数学和物理基本定律到统计力学及其复杂性，再到相对论、量子力学和其他理论，我们的理解越来越不完整。

$$e^{i\pi} + 1 = 0$$

欧拉恒等式

纯数学和逻辑

概率

π

3.141592653589793
23846264338327950
288419716939937510
582097494459230781
640628620899862803
4825342117067982148
08651328230664709384
460955058223172535940
8128481117450284102701
938521105559644622948
9549303819644288109756
65933446128475648233786
7831652712019091456485669
23460348610454326648213393
6072602491412737245870066063
1558817488152092096282925409
1715364367892590360011330530

$$p(B|A) = \frac{p(A|B)p(B)}{p(A)}$$

贝叶斯定理

统计力学

狭义相对论

$$S = k_b \ln W$$

玻耳兹曼熵

$$L = L_0\sqrt{1 - \frac{v^2}{c^2}}$$

洛伦兹收缩

其他理论

已验证 / 已知

关键

可能的关系

确定的关系

$$F = ma$$

牛顿第二定律

运动和能量定律

信息理论

$$K = \frac{1}{2}mv^2$$

动能

$$H[p] = -\sum_{i=1}^{k} p_i \log p_i$$

香农定律

$$H(t)|\psi(t)\rangle = i\hbar\frac{\partial}{\partial t}|\psi(t)\rangle$$

薛定谔方程

量子力学

混沌及复杂性

广义相对论

量子场理论

$$G_{\alpha\beta} = \frac{8\pi G}{c^4}T_{\alpha\beta}$$

爱因斯坦

引力场方程式

$$dx/dt = P(x-y)$$
$$dy/dt = Rx - y - xz$$
$$dz/dt = xy - By$$

洛伦兹系统

（吸引子）

弦理论

未验证 / 未知

已验证 / 已知

自始至终

目前对于不确定性原理的认知告诉我们，在 10^{-35} 米的量级，宇宙不再表现出任何可接受行为的表象，至少不再体现任何我们所知的规则。

我们知道，光需要 5×10^{-44} 秒来走过 10^{-35} 米这一段距离，这两者就是普朗克时间和普朗克尺度（两个基于真空特质的物理常数）。我们在其他性质的常数组合，例如光的速度、引力常数、普朗克常数（与光和物质的量有关）以及 π 中，追寻着普朗克时间和普朗克长度的起源。从这个角度来说，初看上去，普朗克单元可能只是有趣的数字游戏。

然而我们怀疑，某些重要的事情在这一量级发生了。

似乎这一尺度没法再进行进一步的真实测量：位置和时间的整体观念因不确定性而崩塌。理论物理指出，在这个级别，时间—空间的结构不再是平滑的。相反，时空可能是“离散的”（discretized），它们能够量化成不可分割的位。在这一量级，我们真的需要量子引力理论来面对现实。然而我们目前还没有形成一套完整的理论。

这个量级也是虚拟黑洞出现并消失的尺度，就好像它们也是场的量子一样。对于人们广泛讨论的弦理论来说，这也是有意义的最小尺度了：大约是形成所有元素粒子（是的，弦、场、量子引力，所有这些混在一起）的震动弦的大小。

关于超小量级的另一种令人感兴趣的说法是，时空本身变成了量子泡沫。如果这种说法正确，那么我们所熟知的简单的空间几何将无法在这样微小的范围中存续。相反，时空会扭曲并震荡，带着不确定性的怒火冒泡、颤涌。这种量子泡沫的想法可以延伸到虚拟粒子（量子）在真空中不断地出现又消失的观念。正是这种真空虚拟“海”，可能与我们在最大量级上看到的推离宇宙的暗能量相关。在量子泡沫的假设中，时空的结构因虚拟的扭曲和反转而扭动。

我们是否有希望证实量子泡沫的存在呢？可能会有那么一天吧。在 10^{-19} 米这一尺度（很小，但距离 10^{-35} 米还远着呢），我们能够确认时空仍然是平滑而有规律的。但在尺度之梯的底部到底是什么，现在仍不得而知。

端到端

现在，在穿越了60多个数量级后，我们迎来了我所谓的“现在该结束了”之时。当然了，我们也从这里开始，从普朗克尺度开始，不断提升数量级，直至充满闪闪发光的宇宙尘埃和结构的可观测宇宙。其本身并不像一颗复合粒子，而更像一个散布着能量和活力的地方。

这段旅程将带着我们从一个质子内部，到一个碳原子内部，到一条脱氧核糖核酸内部，再到一个虱子细胞表面的细菌细胞内部；虱子在鸟的鸟喙上，鸟藏身于大象皮层上，大象身处东非大裂谷的一小片灌木丛中，大裂谷坐落于一颗岩石行星的一块浮动地壳的大型大陆一角，这颗岩石行星深藏在一颗恒星的引力井之中，恒星处于孤寂的星际空间，而星际空间内有一片旋转的，由气体、尘埃和暗物质组成的星系，这是一组星系和其他星系超星系团的一部分，分布在一片138亿岁、正在膨胀、大部分空荡荡的时空之中。

我们的宇宙环境影响了我们看待现实的方式。

可伸缩宇宙的所有尺度。以“10 的幂”次来看，人类几乎存在于不可思议的大与难以想象的小之间的中间位置，而在最后阶段，从 10^{-19} 到 10^{-35} 米的缩放程度与从人类到质子内部的缩放程度相当。

这些方向与焦点的选择很是有趣，因为这必然反映出人类这一物种以及我们自身所处的特定环境中的一些问题。如果这本书在 100 年或 1 000 年后写就，会是什么样子？如果这本书由 1 亿光年之外的外星生物执笔，又会是什么样子？

那些假想的作家、艺术家和设计师（或那些外星球上的类似角色）会遵循同样的轨迹，当然在细节上会有所不同。地球上的另一块大陆会被放大，一块不同的岩石、水或生命会被放上舞台。或者，它们笔下有可能会出现一个完全不同类型的星系：一个新的恒星宿主，另一个行星家园。

然而在本书呈现的时空范围内，对人类自身而言，我们所走的这条路径并不陌生。在自然界中，无论是场、量子及宇宙中的各种力，还是复杂因素、新事物和组织的潮涨潮落，一些基本定律总在其中发挥作用。这些规则形成了一种语言，这种语言如此丰富，足以超越时间或空间的分隔。而我们只需要学习如何翻译它。

这项任务是很有可能完成的，我们将尝试做更多这样的翻译。解剖学表明，现代人类已经存在了约 10 万年。这只是宇宙年龄的 0.0007%。人类只是走过了宇宙漫长历史中的短短一瞬，而我们的科学已经能带领我们跨越 60 个数量级了。

换句话说，如果将宇宙年龄等同于一个人的一生，那么宇宙只不过花费了 5 个小时的时间，让我们人类这种生命形式出现，并对宇宙有所理解。

结束点：普朗克尺度，最为和谐的时空结构的深处。

10^{-35} 米

我们正在通过计算机和算法，通过我们的医疗优势和不断累积的知识来加速并扩展我们的思维。这些思想是最宝贵的东西；我们需要珍惜这 70 多亿不同思想。漫步在当今这颗岩石星球的某些地方的人，可能就是能将我们带往下一级别观念的人。这个人可能身处于任何地方，从非洲到亚洲，从大洋洲到欧洲，或者美洲。这个人更有可能就是你。

而下一段旅程至少会同这一段一样精彩。

另一个地方，另一个尺度的故事。

知识链接

10^{-14} 米

在任一量级，我们已知的事情有哪些呢？以下是一张非常不完整的清单。

0.001 飞米（fm，1 飞米是 10^{-15} 米）或更小：高级 LIGO 引力波探测器在频率 40 赫兹时的粗略镜像位移灵敏度

0.84 飞米：质子的有效直径

0.1 纳米（nm，1 纳米是 10^{-9} 米）：氢原子的有效直径

0.14 纳米：碳原子的有效直径

0.8 纳米：氨基酸平均大小

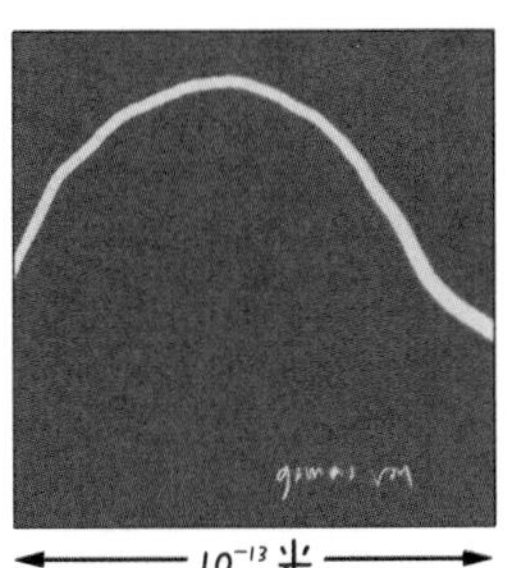
10^{-13} 米

2 纳米：DNA α 螺旋的直径

4 纳米：球状蛋白的大小

6 纳米：肌动蛋白丝的直径——细胞骨架的一部分

7 纳米：细胞壁的厚度

20 纳米：核糖体的大小

25 纳米：微管（细胞的细胞骨架或结构支撑的管状结构形成部分）的外径

30 纳米：较小的病毒（如猪圆环病毒，它的基因组为单股环状 DNA，由 1768 个碱基对组成）的直径

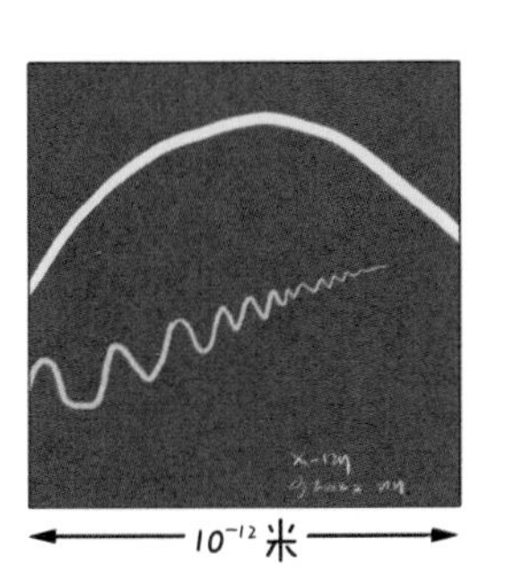
10^{-12} 米

30 纳米：鼻病毒（普通感冒病毒）的大小

50 纳米：核孔的大小

100 纳米：逆转录病毒（如 HIV）的大小

120 纳米：大型病毒（正粘病毒，包括流感病毒）的大小

150 ~ 250 纳米：大型病毒（杆状病毒、副流感病毒）的大小

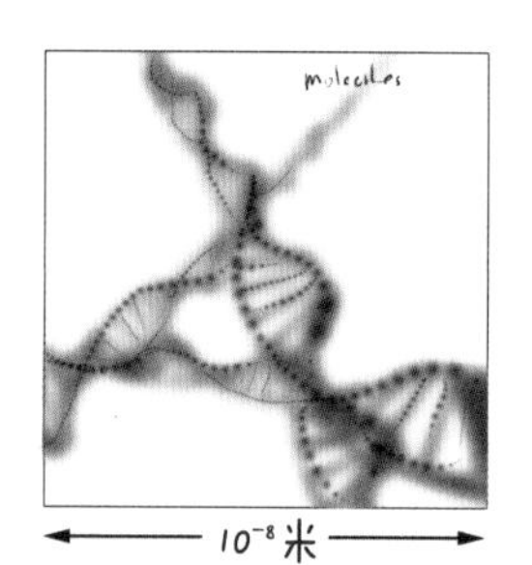

10^{-8} 米

150 ~ 250 纳米：已知较小的细菌的大小

200 纳米：中心体（动物细胞中的圆柱状细胞器）的大小

200 纳米（200 ~ 500 纳米）：溶酶体（真核细胞中的细胞器，帮助分解蛋白质、碳水化合物等）

200 纳米（200 ~ 500 纳米）：过氧化物酶体（真核细胞的细胞器，帮助打断长链脂肪酸）的大小

10^{-7} 米

750 纳米：约一个巨型拟菌病毒的大小

110 微米（μm，1 微米是 10^{-6} 米）：原核生物（细菌、古细菌等）的普遍大小

1.4 微米：丝状埃博拉病毒的最大长度（约 80 纳米宽）

2 微米：大肠杆菌（一种细菌）的大小

3 微米：真核细胞内的大型线粒体大小

4 微米：小型神经元的大小

10^{-3} 米

5 微米：植物细胞内的叶绿体长度

6 微米（3 ~ 10 微米）：细胞核的平均直径

7 微米：人类红细胞的直径

9 微米：小型阿米巴虫的直径

10 微米（10 ~ 30 微米）：大部分真核动物细胞的直径

10 微米（10 ~ 100 微米）：大部分真核植物细胞的直径

160 微米：最大的巨核细胞的直径

10^{-2} 米

200 微米：人类卵子直径

500 微米：最大的大型细菌，硫珠菌属的直径

800 微米：大型阿米巴虫的直径

1 毫米：枪乌贼的巨大神经细胞的直径

40 毫米：巨型阿米巴虫 Gromia Sphaerica 的最大直径

5.8 厘米：小臭鼩的大小

10^{-1} 米

12 厘米：鸵鸟蛋的直径

1 米：刚出生的大象的高度

3 米：长颈鹿脖子里最长的神经细胞的长度

13 米：巨型（雌性）乌贼的长度

15 米：成年座头鲸的长度

32 米：成年蓝鲸的长度

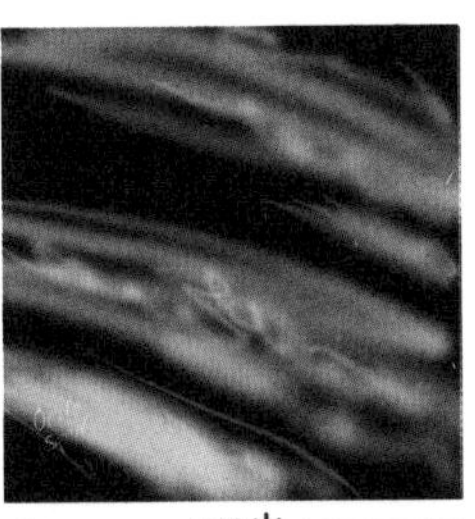

39.7 米：泰坦巨龙阿根廷龙的估测长度

3 000 米：已知最大的蜜环菌，即奥氏蜜环菌的占地直径

8 848 千米：珠穆朗玛峰的海拔高度

10.994 千米：挑战者深渊（北太平洋马里亚纳海沟最深的区域）的深度

21 千米：火星上奥林帕斯山的高度，测量基于全球基准

300 千米：南非维勒德福特（Vredefort）小行星撞击坑的直径

504 千米：土卫二的直径

950 千米：谷神星（离太阳最近的矮行星）的直径

6 000 千米：东非大裂谷的长度

6 000 千米：约整个南极洲最长路径的长度

6 794 千米：火星直径

92 000 ~ 117 580 千米：土星 B 环的内环半径与外环半径

160 000 千米：太阳最大的太阳黑子的直径

384 400 千米：月球到地球的平均距离

1.496 亿千米：地球到太阳的平均距离

16.43 亿千米：红超巨星参宿四的直径

42.8 亿千米：冥王星到地球最近路径的长度

86 亿千米：质量相当于太阳质量的 10 亿倍的黑洞形成的事件视界的直径

740 亿千米（约 2.86 光天）：一个人体内的所有 DNA 首尾相连的近似长度

40.14 兆千米：地球到比邻星的距离

2.35 千兆 ~ 2.69 千兆千米（约 24 100 光年）：地球到银河系中心的预估距离

2.1 千兆千米（约 220 000 光年）：仙女座星系（M31）的直径

3.1 千兆千米（约 326 000 光年）：从中央超质量黑洞中喷射出的天鹅座 A 辐射的总长度

525 千兆千米（约 5 800 万光年）：所有人类（当前活着的 74 亿人口）的 DNA 首尾相连的近似长度

13 吉兆千米（13.8 亿光年）：斯隆长城宇宙结构的长度（大尺度丝状结构），约为可观测宇宙大小的 1/60

296 吉兆千米（312.17 亿光年）：目前检测到的最远的宇宙天体——原星系的同步移动半径距离，距离大爆炸 4 000 万年

880 吉兆千米（930 亿光年）：可观测宇宙的直径（同步移动距离）

注 释

1. 从一颗散发着微光的尘埃到整个星系

第 1 章既是情景设置、旅程计划，同时也开始努力传达每一件事的重要性。房间里充满尘埃这一场景来自本书较早的一个版本，在这个版本中，我试图给出一个友好的（可能相当知识论的）速成课，该课程有关一些术语的真正意义，如宇宙、存在等。阿曼达·木恩（Amanda Moon）建议我用另一种方式进行表述，在此对其表示感谢。

这些事实和数字的来源十分广泛。其中许多，比如我们星系中的恒星数量或者已存活的人类数量，都是“常识”，科学家们很快就了解到，这是表达“总量估算”的一种方式。例如，对银河系中恒星数量的估算仍饱受争论，人们给出的数量从我所引用的 2 000 亿，到多达 4 000 亿。可观测宇宙中星系数量的最新结果比之前所认为的要多 10 倍，这一下子让恒星数量从 2 000 亿变成了超过 10 000 亿。参见：Christopher J. Conselice et al., “The Evolution of Galaxy Number Density at z < 8 and Its Implications,” The Astrophysical Journal 830, no. 2 (2016): 83。

出现差异是因为没人会真的一个个数清楚这些恒星或星系。相反，对于银河系中的恒星，人们是根据我们从银河系中接受了多少光线、银河系的估算质量，以及我们预测每颗恒星贡献了多少质量和光线来推测的。一部分关于银河系质量和含量的有趣资料来自：Jorge Peñarrubia et al., “A Dynamical Model of the

Local Cosmic Expansion," Monthly Notices of the Royal Astronomical Society 433, no. 3 (2014): 2204–2222; and Timothy C. Licquia and Jeffrey A. Newman, "Improved Estimates of the Milky Way' s Stellar Mass and Star Formation Rate from Hierarchical Bayesian Meta-Analysis," The Astrophysical Journal 806, no. 1 (2015): 96。

有很多关于我们目前对宇宙学之理解的伟大著作。年代久远但仍然经典的作品包括史蒂文·温伯格的短篇《宇宙最初三分钟：关于宇宙起源的现代观点》(Steven Weinberg, The First Three Minutes: A Modern View of the Origin of the Universe, updated version, New York：Basic Books, 1993)；约翰·格里宾的经典著作《大爆炸探秘》(John Gribbin, In Search of the Big Bang: The Life and Death of the Universe, new edition, New York: Penguin, 1998)。更多时下的著作包括劳伦斯·克劳斯笔下有争议却精彩绝伦的《无中生有的宇宙》(Lawrence Krauss, A Universe from Nothing: Why There Is Something Rather Than Nothing, New York: Free Press/Simon and Schuster, 2012)；以及肖恩·卡罗尔的《大图景：论生命的起源、意义和宇宙本身》的相关部分（Sean Carroll, The Big Picture: On the Origins of Life, Meaning, and the Universe Itself, New York: Dutton, 2016)。

我在书中提到，我们的宇宙可能比目前的宇宙视界要大 250 倍。这一说法来自：Mihran Vardanyan et al., "Applications of Bayesian Model Averaging to the Curvature and Size of the Universe," Monthly Notices of the Royal Astronomical Society 413, no. 1(2011): L91–L95。至于那些认为"完整的"宇宙要大得多的估算，当然了，世事难料。一开始的宇宙膨胀能够提供给你几乎任何你能接受的大小 10 倍，10 倍又 10 倍，10 倍又 10 倍，直到 10 的 122 次方。这一说法来自：Don N. Page, "Susskind' s Challenge to the Hartle-Hawking No-Boundary Proposal and Possible Resolutions," Journal of Cosmology and Astroparticle Physics 2007, no. 1 (2007): 004。难怪很多物理学家最后从事金融行业。

我发现多重宇宙的观念很迷人，很有逻辑性，但"一定在开玩笑"。从物理学角度来看，你很难否认有很多理论想法都指向多重宇宙这一方向。但是，用老话来说：非凡的观点需要非凡的证据，而现在证据还没有浮出水面。

宇宙的"发泡性"，有时也叫作"宇宙网"，是宇宙值得注意的一个方面。这种规模庞大的组织主要因引力对原始物质分布的拉动及物质原始的速度场而受到影响。关于宇宙物质分布的两个项目是 Sloan Digital Sky Survey (www.sdss.org) 及 6dF Galaxy Survey (www.6dfgs.net)。

2. 看不见的黑暗与空白

若没有一些极端的思想实验，那么宇宙普遍的空旷（纵观所有尺度）是一件让人难以欣赏的事。为了这里的粗略计算（back-of-the-envelope calculations），我假设所有恒星都有同样的物理大小，当然它们并非如此，大部分恒星直径都小于太阳半径的 70%，少量巨型恒星的大小却可达太阳体积的 1 000 多倍。将太阳的半径作为平均值只是一个简单却可行的粗略估算。我在这里辩证地讨论黑洞，但个人感觉指出物理所允许和不允许的是很重要的。黑洞的物理大小（由事件视界决定）并不与质量成正比，它与“普通”物质并不一样，这一点确实有些反常。

反映星际或星系际空间中物质密度的数据取的是典型的平均值。这当中有很多区别。这些数据来源于一个世纪以来的天文观测。

星系际的真空是物质密度在宇宙超大尺度内初始变化的有趣表现。它们倾向于“自我清洁”，因为低密度宇宙区域（约 1 000 万到 1 亿光年范围）有着稍大的宇宙膨胀率。真空中的星系也表现出不同的历史和特性。相关评论参见：P.J.E. Peebles, “The Void Phenomenon,” The Astrophysical Journal 557, no. 2 (2001): 495–504。

我们关于银河、仙女座及所有其他伴星系的观念在过去 20 年中已经有了巨大的进步。有很多新的、小型星系因为机器和计算的进步而被发现。这可谓是“大数据”的一个优秀案例了。对上亿颗恒星及其颜色的绘制和分析，使得天文学家可以识别那些分布在银河系明亮恒星掩盖之下的黯淡的、弥散的星系——也就是我们需要了解、学习的宇宙的其余部分。其中一份参考资料为：Martin C. Smith et al., “The Assembly of the Milky Way and Its Satellite Galaxies,” Research in Astronomy and Astrophysics 12, no. 8 (2012): 1021。

暗物质问题依然存在，尽管我们多次试图解决它。目前为止，在物理圈里有一种观念逐渐崭露头角：要么暗物质的特性比我们所认为的还要诡异得多（由性质更奇特的粒子组成），要么我们在某些事上犯了大错。

银河系的中心区域必然是难以目睹的。与其相比，我们仿佛生活在文明世界外围的阴冷山洞里。当然了，我们并不知道是否有什么东西正在注视着观测它。银河系中心区域的"艺术品"确实置身于一片全然的光亮中，并且这种环境制造了很多乐趣。

描述我们的星系是件非常有趣的事，因为事实上，我们仍然没有明确所有的细节。这多半是因为我们无法轻易看见整个星系；我们身处其中，陷得太深，就像在种子的深处。但我们有希望做得更好。太空考察例如 GAIA 任务将会彻底改变银河系的现有地图，至少也会改变银河系的一部分。参见：http://sci.esa.int/gaia。

描述星系大小的信息图表让人震惊。在过去几年，关于银河系如何对抗其他星系，有很多讨论，但毫无疑问，银河系之外还是有不少怪物的。参见：Juan M. Uson et al., "Diffuse Light in Dense Clusters of Galaxies. IR-Band Observations of Abell 2029," The Astrophysical Journal 369 (1991): 46–53。

恒星在星系中的位置持续地变动着，我们的恒星也是如此。参见：C. A. Martínez-Barbosa et al., "The Evolution of the Sun's Birth Cluster and the Search for the Solar Siblings with Gaia," Monthly Notices of the Royal Astronomical Society 457 (2016): 1062–1075。

3. 万物，过去和现在

这一段旅程的量级有些难以处理。事实上从 10 光年到 92 光时（这里只是粗略跨度）的虚拟旅程，也就是太阳系内的伸缩的尺度对人眼来说似乎并不那么令人激动。我们有些咬牙切齿地想弄清接下来该做些什么。我们本可以让这段旅程依然无聊而又现实，但我们意识到这样做可能会让我们错失过去与现在的深层联系。它并非总是如此无聊！这也是这一章在空间和时间（以及物质状态）上进行同步缩放的原因（从大约 50 亿年前开始）。

宇宙中的第一批恒星极其重要，但我们对此仍然知之甚少，相关资料参见：Volker Bromm, “The First Stars,” Annual Review of Astronomy and Astrophysics 42 (2004): 79–118。

关于恒星如何产生元素并将它们喷射到宇宙中这件事，你可以写上一整本书，而人们已经这么做了。参见：Jacob Berkowitz, The Stardust Revolution: The New Story of Our Origin in the Stars (Amherst, New York: Prometheus Books, 2012)。

关于形成恒星和原恒星盘、原行星盘及行星的天文物理是个热门话题。事实上，这真的是新数据能把我们淹没的另一个前沿科学领域。这一部分的图解（在整本书中我最喜欢的部分之一）反映了这些新数据。除了哈勃望远镜和其他观测设备，某些最令人激动的图片和观念来自阿卡塔玛大型毫米及次毫米波数组（Atacama Large Millimeter/submillimeter Array，简称ALMA），它位于智利海拔 5 000 米的高原上。你可浏览：www.almaobservatory.org。

太阳系最后诞生的过程中产生的问题（地球的水含量，火星的质量，内圈行星的缺乏）也是现代研究的前沿。这一领域的述评可参见：S. Pfalzner et al., “The Formation of the Solar System,” Physica Scripta 90, no. 6 (2015): 068001。

有时候，天文学家认为我们当今的太阳系像是一个“化石”。这并非是什么不好的说法：最具能量和多样性的活动发生在 45 亿年前。我们只是生活在诞生期尾声的一段缓慢进化的过程中。参见：John C. B. Papaloizou and Caroline Terquem, “Planet Formation and Migration,” Reports on Progress in Physics 69, no. 1 (2006): 119。

4. 行星的生存家园

大揭秘：这才是起草这本书时的第 1 章。我想要想出一种方式，来连接太阳系的尺度和我们日常生活的尺度。这一点很难。向夜晚的天空挥舞手电，看着一束光线向上攀升而逐渐消逝是我记忆中孩童时期做的事。某些地方那些光子（或者它们当中的一部分）仍然竞相逃往太空。仔细想想，这可是相当了不起的！

系外行星当然算得上是大新闻了。在 20 世纪 90 年代中期前，我们并不知道有多少恒星也有行星围绕。现在我们知道了，恒星基本上都是这样。我的书《如果，哥白尼错了》深入讨论了与其他世界有关的科学（Caleb Scharf , The Copernicus Complex, New York: Scientific American/Farrar, Straus and Giroux, 2014）。也有很多其他的资源。如果你们想密切并私人地关注最新的系外行星原始数据，有两个页面非常有用：http://exoplanet.eu (The Extrasolar Planets Encyclopaedia) 和 http://exoplanets.org。

已有多名研究员拿出关于地外行星总数的统计推断。部分案例可见：Courtney D. Dressing and David Charbonneau, "The Occurrence of Potentially Habitable Planets Orbiting M Dwarfs Estimated from the Full Kepler Dataset and an Empirical Measurement of the Detection Sensitivity," The Astrophysical Journal 807, no. 1 (2015): 45, and Daniel Foreman-Mackey et al., "Exoplanet Population Inference and the Abundance of Earth Analogs from Noisy, Incomplete Catalogs," The Astrophysical Journal 795, no. 1 (2014): 64。

"荒原狼"行星的证据目前仍有争议，并且这一证据来自引力透镜数据。我的猜想是某些研究可能会高估了这一总数，但确实有一些孤独的星球，从它们的诞生系统中被不稳定的轨道弹射出去。

比邻星 b 的表面图像实际上是大量科学猜想的产物。比邻星 b 与其明亮的、低质量的（红色色调）的恒星间的亲密度表明，为了维持大气层，行星也需要强烈的磁场。磁场可能会引起大气中的极光，也会与地球物理活动息息相关。因此才有这些不同特征的描述。

正如物理学和地球物理学揭示的很多东西所显示的那样，我们过分简化了行星内部。这不仅是因为我们没有足够的信息来做得更好，也因为我们希望对物理系统的简化能使人更直观地了解它们。如果你好奇地球这样的岩石行星到底有多复杂，可以阅读一下最新的地球物理研究，例如：Kei Hirose et al., "Composition and State of the Core," Annual Review of Earth and Planetary Sciences 41 (2013): 657–691, and George R. Helffrich and Bernard J. Wood, "The Earth' s Mantle," Nature 412 (2001): 501–507。

在我开始写这本书的大纲时，NASA 的新视野计划在早先几个月迈出了历史性的一步：它飞越了冥王星。虽然没人知道我们能期盼些什么，但我不认为人们只想预测冥王星有多有趣或多复杂。这颗冰冷的星球将会改变我们的心态：一开始就被困在恒星系统的寒冷末端并不会让行星变得迟钝或无聊。参见 http://pluto.jhuapl.edu。

我发现潮汐十分迷人，因此我把它们也放进了书里。行星潮汐导致能量的消散，包括行星或卫星（甚至太阳！）的自转能量以及公转能量。这些缓慢的力量消散切实地改变了星球的形状以及穿越宇宙的轨道。关于“系外卫星”含义的技术研究这块，我再次厚颜地推荐自己的一篇论文：“The Potential for Tidally Heated Icy and Temperate Moons around Exoplanets”，*The Astrophysical Journal* 648, no. 2 (2006): 1196–1205。

5. 我们称之为地球的世界

在这一章的开始，我想强调几个特别的想法，包括我们认为地球真的恰好在此刻就是适合我们的星球这一事实。纵观其 45 亿年历史，地球很少以现在这般形态示人。而这样的趋势将一直持续到未来。我也想强调某些我们认为理所当然的行星特性。举个例子，地球表面的水含量图形，相当令人惊讶。我们可能是一个海洋星球，但所有的海洋加起来总量实际上并不多。美国地质调查局网站是更多有趣信息的藏宝箱：https://www.usgs.gov 及 http://water.usgs.gov/edu/earthhowmuch.html。

对于地球上最古老的岩石究竟是什么这一问题，仍然有一些争论。但锆石十分具有说服力。关于锆石的有趣研究之一，是锆石内部含有钻石这一发现。该发现提供了 40 亿年前地球地壳构造形成过程的线索。相关资料参见：Martina Menneken et al., “Hadean Diamonds in Zircon from Jack Hills, Western Australia,” Nature 448 (2007), 917–920。

对于有机物用氧改变了地球的大气这件事，还存有相当大的争议，而这样的改变究竟发生在何时仍不得而知。参见：Donald E. Canfield et al., “Oxygen Dynamics in the Aftermath of the Great Oxidation of Earth’s Atmosphere,” Proceedings of the National Academy of Sciences 110, no. 42 (2013): 16736–41。目前的标准说法是：蓝藻细菌是主要的制氧源头。也许它们是，也许它们不是。

地球从太阳那接收到的能量总数是十分巨大的。希望它们能被传导到这里。人类能量消耗的数量估算真的只是估算而已。例如，国际能源署（International Energy Agency，简称 IEA）提供了一些数据与计算，参见：https://www.iea.org。

气候与天气是非常复杂的现象（严格来说，气候只是天气的统计数据，是将时间均化后，特定性质可能性的平均值，例如表面温度或冰盖）。我在这里给出了一个相当简化的概述。考虑到由于人类活动导致的气候变化的紧张态势紧急性（这正在发生，这只是物理学，争议免谈），你可能希望能够随时更新信息。可参见：www.noaa.gov/climate，http://climate.nasa.gov，及 www.metoffice.gov.uk/climate-guide。

强有力的台风（印度洋或西太平洋）或飓风（东北太平洋或北大西洋）统一被称为热带气旋，它们实在是令人震惊。你会发现科学家们为了转化其中所含的力量，用了各种方法：这样的风暴一天之内的能量就等于几百颗核弹，或者整个人类文明运转几年所需的能量。

太阳光改变了化学这一点可是个大事。光化学不仅对地球很重要，也是整个太阳系及系外会发生的事。有一篇专业性很强，但易于理解的文章：Renyu Hu et al., “Photochemistry in Terrestrial Exoplanet Atmospheres I: Photochemistry Model and Benchmark Cases,” The Astrophysical Journal 761, no. 2 (2012): 166。

我试图找到一种方法，用非常人性化的术语来表达对地球的愿景。于是，“有人类曾从太空看到过我们的世界”的想法一下子击中了我。我知道有很多人写过他们的体验，但我却没有意识到有这么多的回忆和如此的豪言壮语。这些语录公开记录在这里，还有很多很多并未收录在此。我希望这些资料能稍稍丰富一下我们的国家和文化。参见：www.spacequo tations.com/earth.html。

6. 生命的法则，未曾停止的探索

你可能会对我在这章谈到意识感到十分诧异。我也没想到。但是我要开始思考我们世界的哪一方面在其量级上最让人震惊。关于生物，例如人类、大象、鸟等，有哪些以前没怎么讨论过的东西能拿出来说说呢？我认为认知、自我认知、科学以及我们称之为意识的东西这些难题是最难以回答的问题。

另一大难题包括地球上所有生命系统是如何互相关联的，不只是现在，还包括过去。这有一点刻板，但如果你从未读过查尔斯·达尔文、阿尔弗雷德·拉塞尔·华莱士（Alfred Russel Wallace）、亚历山大·冯·洪堡（Alexander von Humboldt）和其他作家所写的让我们对进化有所了解的那些作品的话，那么你值得一探究竟。达尔文在线资源非常不错：http://darwin-online.org.uk。你能从在线资源中找到华莱士关于自然选择的很多资源（他甚至考虑过宇宙生物学）。此外，迈克尔·舍默写过一本经典的传记：Michael Shermer, In Darwin' s Shadow: The Life and Science of Alfred Russel Wallace: A Biographical Study on the Psychology of History (Oxford, UK, and New York: Oxford University Press, 2002)。要了解洪堡，可参考这本精彩的著作：Andrea Wulf, The Invention of Nature: Alexander von Humboldt' s New World (New York: Knopf, 2015)。

生物量的估测十分复杂。你没法在地球表层的每立方米里进行抽样然后数一下有多少生物；你不得不根据某些局部数字、食物和垃圾的通量数据等来进行一些推论。关于森林总生物量的估算，可参考一篇评论文章：Yude Pan et al., "The Structure, Distribution, and Biomass of the World' s Forests," Annual Review of Ecology, Evolution, and Systematics 44 (2013), 593–622。另有一篇论文认为微生物的总生物量数值有大幅下降，从而对估测值进行了修改，该论文为：Jens Kallmeyer et al., "Global Distribution of Microbial Abundance and Biomass in Subseafloor Sediment," Proceedings of the National Academy of Sciences 109, no. 40 (2012): 16213–16。

在这本书中我需要做的最大决定，可能就是随着我们的旅程来到了地球，我究竟应该从哪开始缩放尺度。避免过去已经提及的那些事似乎十分重要（老生常谈肯定很无聊），此外还要避免有太多来自西方或北半球的偏见。现代人类全都源自非洲，这也是一块有着明显地理和生物多样性的大陆。而非洲大峡谷是如此壮观，在这里，地球的地壳达到了最薄，提醒着我们即使身处于一大群生物之中，我们也仍有危急的时刻。我也喜欢大象。它们特殊又迷人，别样又美丽，需要我们的欣赏与保护。

关于能人与直立人的信息有很多，但有部精彩的论著提出了该领域的最新观点，这就是：Yuval Noah Harari' s Sapiens, A Brief History of Humankind (New York: HarperCollins, 2015)。

“生命之树”是现下流行的一种生命分支进化概念模型，这一点可以追溯到达尔文。完全基于化石记录和分类的树版本有其局限性，更现代的系统发育树会更有说服力。两者都会帮助我们得到一幅某物与某物相关的总体图。参见以下在线资源：www.tolweb.org，www.wellcometreeoflife.org/interactive，及 tree.opentreeoflife.org。

昆虫的智力与认知是个极其有趣的话题，因为我们与它们如此不同。部分近代研究表明（在我印象中，非常有说服力），黄蜂不仅能够通过“创新”来解决物理问题，而且那些掌握了这一技能的黄蜂还能“教会”其他黄蜂（或至少能够从它们成功的亲属黄蜂那迅速学会）。一旦教会，黄蜂便能够将之作为模板传递给下一代。相当奇特吧！参见：Sylvain Alem et al., “Associative Mechanisms Allow for Social Learning and Cultural Transmission of String Pulling in an Insect,” PLOS Biology 14, no. 10 (2016): e1002564。

究竟不同物种的大脑能够做些什么？这是个非常难以回答的问题。这一章的图里存有很多不确定性。没关系，这就是科学。

我提到了“偶然性”这一术语。这在进化生物学中有着重要的内涵，尤其是在斯蒂芬·杰·古尔德（Stephen Jay Gould）的著作中。他所有的书都非常有趣且极具吸引力，即使你并不同意他的观点中的某些细节，其中一部著作仍应成为你的必读书目，那就是：Wonderful Life: The Burgess Shale and the Nature of History (New York: W. W. Norton, 1989)。

7. 消失在宇宙背景中的物质碎片

“复杂性”和“复杂系统”已经变成了现代科学术语的重要部分，这当然是有原因的：宇宙充满了复杂性。但复杂性挑战了还原论的倾向，也是我们有待解决的问题。关于这方面有很多著作，某些很流行，某些技术性很强。参见经典著作：James Gleick, Chaos: Making a New Science (New York: Viking Penguin, 1987)；Stuart Kauffman, At Home in the Universe: The Search for the Laws of Self-Organization and Complexity (Oxford, UK, and New York: Oxford University Press, 1995)。这项工作的大多成果的研究机构也值得一看，如新墨西哥的圣塔菲研究所（Santa Fe

Institute）：www.santafe.edu。

关于微观世界，列文虎克（Antonie van Leeuwenhoek）的作品值得一读，他先驱性地开创了显微术，而且可能是第一批真正看到细菌的人之一，时间大概在 15 世纪和 16 世纪早期。

我选择用人类的手来体现生命的粒度，因为它是我们如此亲密的附属物，它的外形对我们而言是如此熟悉。它使得我们能够掌管世界。数学家及知识分子雅可布·布洛诺夫斯基（Jacob Bronowski）曾经说过："手是思想的利剑。"

人们认为，地球上最早的多细胞生命证据藏匿于距今 21 亿年前的加蓬化石之内。参见：Abderrazak El Albani et al., "The 2.1 Ga Old Francevillian Biota: Biogenicity, Taphonomy and Biodiversity," PLOS One 9, no. 6 (2014): e99438。当然了，这只是目前所发现的年代最早的生命。据称多细胞在地球上被"发明"（通过自然选择和环境压力）出来了多达 45 次。

基础代谢率和生物质量的数学关系令人印象深刻。参见：Geoffrey B. West et al., "A General Model for the Origin of Allometric Scaling Laws in Biology," Science 276 (1997): 122–126。

比例法则和人类城市也令人惊奇。参见论文：Geoffrey West, "Scaling: The Surprising Mathematics of Life and Civilization."

虫群和鸟群是迷人的，有些学者通过研究这些，试图了解复杂现象如何从简单规则中产生，了解生命如何学习并适应环境。这种研究领域通常被称之为"群体行为"或"群体动力学"。它通过软件模拟和机器学来进行自检。

蚂蚁群的"最短路径"优化引起了一部分研究，并促使人们以计算或代数方法来解决一些可用图表展现的棘手问题：最短路径就是其解。这真的全都是从研究蚂蚁开始的。参见：J. L. Deneubourg et al., "Probabilistic Behaviour in Ants: A Strategy of Errors?" Journal of Theoretical Biology 105 (1983): 259–271。

在这一章的最后，我提到了"熵"。熵本身就可以自成一书。这一概念与现代物理的核心密切相关，很难掌握，并且仍未被人们完全理解。

8. 亚原子世界，开启尺度颠覆之门

关于如何书写这一章，我有好几个选择。一个是向前猛冲，忽略我们在物理上无法像观测更大尺度的东西那样“观测”这些尺度。相反，我选择了另一个方向：直面这些尺度的怪异性，并试图展现向原子过渡的历程。接下来的几章也是如此。

DNA 长度的数据可能是这一章最令人震惊的东西了（好吧，几乎和揭露量子世界一样让人震惊）。这个数字十分确定：如果你能够将一条人类的 DNA 链（超过 30 亿个核苷酸）以不扭曲、伸直的状态展开，它将会是一条 1.8 米长的隐形线。所有其他的数字都来自这里，一旦你认可人类身体中约有 40 万亿细胞的估算（更新、更严谨的估算结果是，该数字超过 100 万亿，这一数字也经常被引用）。人类 DNA 的总长度数据令人疯狂，我知道，但这确实如此。

并非所有的细菌都长得一样。我们选择了一种有尾巴、药片形状的细菌，因为这样可能更具视觉冲击力。事实上单细胞组织千奇百怪。

微生物是我们行星的真正掌控者。它们也是我们的真正掌控者。如果你想自寻烦恼（以一种比较好的方式），可以读一读这本著作：Ed Yong, I Contain Multitudes: The Microbes Within Us and a Grander View of Life (New York: HarperCollins, 2016)。

等一下，如果微生物是真正的掌控者，那么病毒是什么？有可能病毒“掌控”在它们之上的微生物，正如微生物掌控我们一样；我们只是很难将病毒定义为“活着”。另一本颇受欢迎的著作是：Carl Zimmer, A Planet of Viruses (Chicago: University of Chicago Press, 2011)。

应该有人写写一位读者关心的核糖体（可能已经有了吧），但我没有遇到过什么好的作品。细胞中的核糖体比 RNA 加上 50 个蛋白质还多。这可真是奇特。几年前，佐治亚理工学院的尼克 · 胡德（Nick Hud）曾在亚特兰大的一个闷热的日子里给我上了一堂速成课，其中有一些好的

参考文献，包括他的研究小组的成果：Anton S. Petrov et al., “History of the Ribosome and the Origin of Translation,” Proceedings of the National Academy of Sciences 112, no. 50 (2015): 15396–401。

我提到了物体在微小尺度上的带电的黏性。这提醒了我们，化学全是关于电磁学的。虽然电磁学事实上是由质子交换引发的，但这并不是你在人类尺度所能“看到”的那些质子。

穿过一扇门时你被衍射，是一个古老的物理比喻。我曾在学术界听到一个如何利用这一点虎口脱险的笑话：跳进一个小木屋，站在老虎的衍射图形达到最小的地方。这类故事可以追溯到物理学家乔治·伽莫夫（George Gamow）笔下有趣的教育故事：Mr. Tompkins in Wonderland, published in 1940; a modern collection is Mr. Tompkins in Paperback (Cambridge, UK: Cambridge University Press, 1993, 2012)。汤普金斯（Tompkins）的旅程包括进入原子内部。

为了明确当你以人类的正常大小穿过一扇正常大小的门时，你究竟会被衍射多少，你必须先解决你的德布罗意波长并利用德布罗意等式，你能通过这些来计算你需要怎样的速度才能达到一个明显的衍射量。结果显示，你必须得非常非常慢，速度不超过 10^{-34} 米每秒。如此一来，你将会花费比宇宙年龄还要长上几万亿倍的时间来通过那扇门。

我经常被问及自然是否能使用其他元素而非碳元素来制造生命。这是有可能的，但是碳元素确实直击要害，我在文中给出了原因。它形成的化合物，反应性和稳定性都相当特殊。

想象一颗碳原子的一生是个很有趣的话题，但也很有挑战性，因为你身体内的任何单个碳原子都有相当多的路径可以选择。在最后，我决定让我们摄取粘在马铃薯上的碳形成的“有机物”。否则，它不得不在形成一颗植物之前经历大气中的另一次循环。

了解恒星制造碳的过程是 20 世纪天体物理学和核物理学的重要胜利之一。但这也引起了一些关于宇宙“细微调整”的讨论。最近有一篇相当有趣但又很有技术含量的论文，对此做了更进一步的探讨：Fred C. Adams and Evan Grohs, “Stellar Helium Burning in Other Universes: A Solution to the Triple Alpha Fine-Tuning Problem。”

人本原理确实值得讨论。你能找到很多研究这一话题的资源（包括我早先的一本书）。近来的一本是：Martin Rees, Just Six Numbers: The Deep Forces That Shape the Universe (New York: Basic Books, 2000)。

9. 难以置信的空洞

在这一章我再次抱怨了宇宙之空，正如第 2 章一样。物质的原子所占据的空间如此之小，令人震惊。不过当然了，电子占据了原子里的所有空间，但它们只是以概率的方式来占据空间的。

量子力学的本质，及其关于原子和亚原子世界的描述是非常难以传达的。这里我决定尽量诚恳。量子力学可以说是相当成功的架构，然而在根本性质的最佳模型这一部分，它也不是非常明确。我们想用薛定谔的猫的实验来阐述不同的理论解释，但是最终发现理论间的差异不够清晰。两缝，或者说双缝实验却正中目标。

德布罗意 – 玻姆理论在今日似乎得到了更多关注。这部分是因为某些引人注目的实验性工作。参见：Dylan H. Mahler et al., “Experimental Nonlocal and Surreal Bohmian Trajectories,” Science Advances 2, no. 2 (2016): e1501466。

在多世界解释中，经过双缝实验的电子会被那些平行世界的电子所“冲击”，这一想法来自最近的一些论文。这里的平行世界在某种程度来说是“传统的”，量子效应单纯由于其他世界的相互作用而得以表现，如果你去掉其他世界，就会留下一个非量子的传统世界（这想必也意味着我们玩完了）。参见：Michael J. W. Hall et al., “Quantum Phenomena Modeled by Interactions Between Many Classical Worlds,” Physical Review X 4, no. 4 (2014): 041013。

纠缠和非局域性是个能把你搅得晕头转向的怪物。在此我推荐一部优秀作品：George Musser, Spooky Action at a Distance: The Phenomenon That Reimagines Space and Time—and What It Means for Black Holes, the Big Bang, and Theories of Everything (New York: Scientific American / Farrar, Straus and Giroux, 2016)。

我提到了同位素，因为它让我好奇对我们而言，这样一个性质仍然成谜的基本层级（原子核）究竟是什么。这些原子核一点都不优雅。与此同时，同位素对于我们挖掘宇宙的运作过程十分有用。我会毫不犹豫地引证以下论文：L. G. Santesteban et al., “Application of the Measurement of the Natural Abundance of Stable Isotopes in Viticulture: A Review,” Australian Journal of Grape and Wine Research 21, no. 2 (2015): 157–167。我敢打赌这是这篇文献第一次在书中被这样引用。

你怎样制造超重原子核，比如 oganesson, 第 118 号元素？你可以猛击其他重核，期望某些新东西由此产生。方法大抵如此。随着重元素经历了辐射衰减（通常非常迅速），你能找到衰减产物并发现形成了什么东西。

我决定在这一章不要太深入粒子物理，只介绍了夸克、胶子并绘制了粒子族谱。这方面的科学提供了很多好东西，可以追溯到几十年前。我希望保持这样的沉浸感。一路走过这一量级中的丰富多彩的结构，我们能够抓住其中的瞬息流光，但我们必须跳出来。

爱因斯坦的确发表过关于不可理解性（incomprehensibility）的观点，但他的原话并非如此。原始资料中的措辞不太一样（“一说为‘世界的终极谜题即其可理解性’”），参见爱因斯坦的文章：Albert Einstein, “Physics and Reality,” 1936, reprinted in Einstein, Ideas and Opinions (New York: Crown, 1954, 1982)。

10. 时空深处的旅程终点

我们面临着两个选择：描述 19 个量级的未知结构，探讨虚拟粒子，就像在所有量级上所做的事一样；或者跳过其中大部分。我想我们做了正确的决定。但不能掉以轻心。我们只是假设跨越这些微小的尺度有点无聊，但我们并不知道是否如此。

将重点从“粒子和波”转移到“场和量子”，我认为非常重要。由此我们引入了现代物理所使用的数学机制，但它同样（我希望）有助于给我们一种感觉，一种我们正在迈进终极的、最为基本的宇宙的感觉。

一篇优秀的经典读物是理查德 · P. 费曼的《QED：光和物质的奇异性》: Richard P. Feynman, QED: The Strange Theory of Light and Matter (Princeton: Princeton University Press, 1986)。他的其他著作与演讲笔记也同样经典。

描述最后的尺度（普朗克 10^{-35} 米）是个大挑战。老实说，在这里我们可以做几乎任何事，并且行之有效。最终，我对我们的视角所具有的质感及深度非常满意：有节制却又让你的眼睛有一点刺痛。

“量子泡沫”的想法显然来自物理学家约翰 · 惠勒（John Wheeler）与他同事查理 · 米斯纳（Charle Misner）在 20 世纪 50 年代中期进行的讨论，参见其论著：John Archibald Wheeler with Kenneth Ford, Geons, Black Holes, and Quantum Foam: A Life in Physics (New York: W. W. Norton, 1998)。尝试测试量子泡沫的特征所带来的成果包括费米实验室的 μ 介子 g-2 实验。关于弦理论和其他神秘的超物理学，可读的资源包括：Brian Greene, The Elegant Universe: Superstrings, Hidden Dimensions, and the Quest for the Ultimate Theory (New York: W. W. Norton, 1999, 2003)。

这里提供的最后一张信息图是一种描述方法，描述的对象是我们在理解周围的宇宙时用到的“翻译”层，这个“翻译”层由纯数学开始，并逐渐向物理转移。这张图里的方程只是我所选择的最有趣的一部分工具。从这个角度来说，它们反映出了这本书的整体思路：这是一个大大的宇宙，有很多有趣的旅程，而我们只是选择了其中一段而已。

在文章的最后我再次提到了电脑，其实是在暗指人工智能。最新的深度学习系统（有 10 层“隐藏的”神经网络软件层）正在完成一些我们之前在计算方面从未见过的事。这听上去有点可怕，却又让人心潮澎湃。我们可能正处于思想延伸到生物界限之外的转折点。等待着我们的，将会是一个多么精彩的未来！

致谢

这本书的最初想法来自早先与马兰穆文学社的黛尔德利·马兰（Deirdre Mullane），以及法勒、施特劳斯与吉鲁出版社（Farrar, Straus and Giroux）的阿曼达·木恩的对话。没有他们的热忱与耐心，这本书可能连最初 1 厘米的尺度都写不下去。

经过最初几轮思考，我们将重点放在了自然世界与其本身的关系上（在尺度、时间和能量等方面）。在结合了复杂性理论、涌现理论和混沌理论的基础上，这本书的视野得以升华。“从几乎所有事到几乎空无一物”成了一段有趣的旅程。能够与罗恩·米勒共事，让我感到十分荣幸，他有着极其高超的插图绘制技巧与想象力，来自 5W Infographics 公司的塞缪尔·韦拉斯科（Samuel Velasco）与胡安·韦拉斯科（Juan Velasco）也一样有着高超的图表能力。你们所有人一遍又一遍地向我展示了与真正专业的人士一起工作是什么样的感觉。与此同时，我想要感谢FSG小组的所有成员，尤其是乔纳森·利平科特（Jonathan Lippincott）和斯科特·博彻特（Scott Borchert）。另外还要特别感谢安妮·戈特利布（Annie Gottlieb），他用自己的编辑技巧为本书做了无数的改进。

本书的部分章节是我在纽约至东京的长途航班上，以及在日本禅修的许多时刻构思成型的。我要向东京工业大学地球生命科学研究所的所有科学家和工作人员表达敬意，他们为本书的许多部分添砖加瓦。我尤其感谢皮特·胡特（Piet Hut），正因他播下种子，才有了此后发生的所有事，才有了我所期待的在未来结出的果实。

至于其他朋友与同事，包括玛丽·沃伊泰克（Mary Voytek）、弗里茨·佩雷尔斯（Frits Paerels）、戴维·赫尔方（David Helfand）、安博·米勒（Amber Miller）、米歇尔·韦（Michael Way）、纳尔逊·里韦拉（Nelson Rivera）、丹尼尔·萨文（Daniel Savin）、阿林·科罗茨（Arlin Crotts）、福井绫子（Ayako Fukui）、温德尔·威廉斯（Windell Williams）、阿比盖尔·温德尔（Abigail Wendell）、刘易斯·温德尔（Lewis Wendell）、埃里克·戈特黑尔夫（Eric Gotthelf）和费尔南多·卡米洛（Fernando Camilo），感谢你们的支持与鼓励。

最后，一如既往，我要感谢我的家庭成员：邦尼（Bonnie）、莱拉（Laila）、阿梅莉娅（Amelia）和玛丽娜（Marina），感谢你们为我付出的一切。

——凯莱布·沙夫

纽约，2016 年

我总是对非常非常大的事物和非常非常小的事物感兴趣：前者可能源于我对天文和太空旅行的兴趣，这种兴趣贯穿了我的一生。后者可能来自刚上映我就看了的电影《奇怪的收缩人》（*The Incredible Shrinking Man*），但我可能是因为读过一篇亨利·哈赛（Henry Hasse）的短篇小说《他缩小了》而想要去看这部电影，这篇小说颠覆了整个宏观－微观宇宙。我也记得我在小学时废寝忘食地看完的一本书，叫作《通往原子的 13 步》（*The Thirteen Steps to the Atom*），这本书通过图片让我从我熟悉的世界一步步进入几乎无限小的世界。同一时期，我发现了经典的《宇宙观》（*Cosmic View*）一书，我到现在还保留着其最初版本。我记得当查尔斯·埃姆斯和蕾·伊姆斯的《十的次方》在 1977 年上映时，我看了无数次，甚至根本不清楚到底看了多少回。所以当我有机会给这样一本书配插图时，我立马抓住了这个机会，如果说还有别的理由，那便是因为它提出了一个巨大的挑战。之前我从来没有参与过这样的事。从宇宙边缘缩小到地球，这没问题，毕竟这还是我熟悉的领域。但随着这本书不断深入到极其渺小的量级，我开始探索新的主题、想法和技术。有一个特殊的挑战在于，需要画出那些实际上看不到甚至无法测量的东西。就此而言，这些东西在很多情况下压根儿就没有实体。

这本书也给了我与阿曼达·木恩再次合作的机会，以及第一次与凯莱布·沙夫合作的机会，他的著作让我相当钦佩。更不用说与这本书的优秀团队的其他成员乔纳森·利平科特和斯科特·博彻特的愉快合作了。最后，一如既往地，我要向曾是病人的朱迪斯·米勒脱帽致敬。

——罗恩·米勒

南波士顿，弗吉尼亚，2016 年

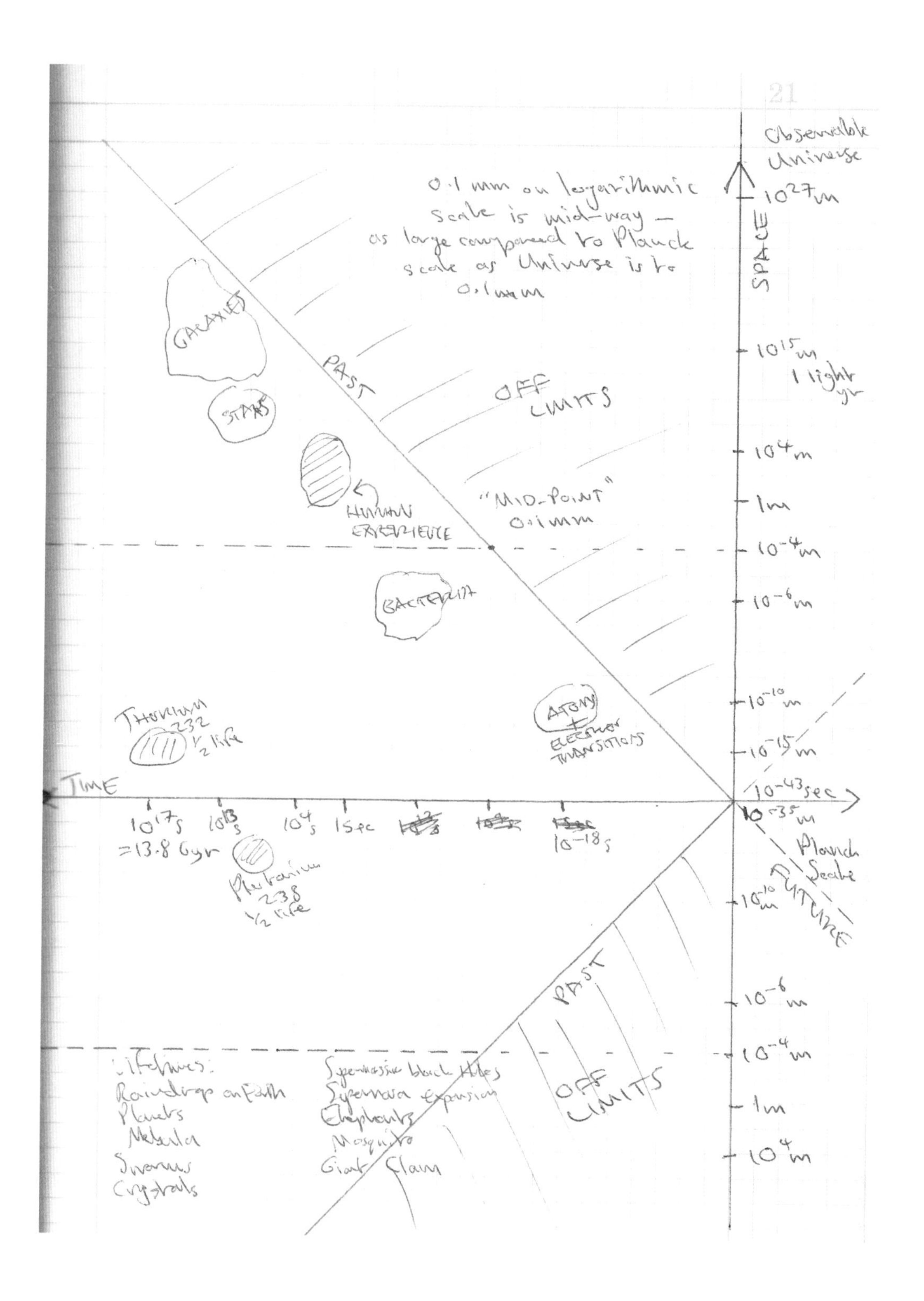

Observable Universe
10^{27}m
SPACE
0.1 mm on logarithmic scale is mid-way — as large compared to Planck scale as Universe is to 0.1 mm
GALAXIES
PAST
OFF LIMITS
10^{15}m
1 light yr
STARS
10^{4}m
HUMAN EXPERIENCE
"MID-POINT" 0.1 mm
1m
10^{-4}m
BACTERIA
10^{-6}m
10^{-10}m
Thorium 232 ½ life
ATOMS + ELECTRON TRANSITIONS
10^{-15}m
TIME
10^{-43}sec
10^{-35}m
Planck Scale
10^{17}s =13.8 Gyr
10^{13}s
10^{4}s
1 sec
10^{-18}s
Plutonium 238 ½ life
10^{-10}m
FUTURE
PAST
10^{-6}m
10^{-4}m
Lifetimes:
Raindrop on Earth
Planets
Nebula
Swarms
Crystals
Supermassive black holes
Supernova expansion
Elephants
Mosquito
Giant Clam
OFF LIMITS
1m
10^{4}m

关于作者

凯莱布·沙夫是《如果，哥白尼错了》与《重力引擎》的作者，以及哥伦比亚天体生物学中心主任。他曾为《纽约客》《纽约时报》《科学美国人》《鹦鹉螺》《自然》等媒体及其他出版社写过文章。现居于纽约。

关于插图

罗恩·米勒是本书的插画作者，其作品曾刊登于《国家地理》《科学美国人》，还有销量最高的手机应用“系外行星之旅”（Journey to Exoplanets），他还为《海底两万里》《地心游记》以及其他多部作品配图。他目前是美国国家航空航天博物馆爱因斯坦天文馆的主任，现居于弗吉尼亚。

关于整体设计

5W Infographics 公司承担了本书设计，该公司重点关注信息图、数据可视化及信息驱动视觉项目。该公司于 2001 年由塞缪尔·韦拉斯科与胡安·韦拉斯科创建。胡安于 2008 年至 2014 年担任《国家地理》的艺术总监，之前是《纽约时报》的图表艺术指导。塞缪尔是《财富》的前艺术指导，也是本书的插图作者。

未来，属于终身学习者

我这辈子遇到的聪明人（来自各行各业的聪明人）没有不每天阅读的——没有，一个都没有。巴菲特读书之多，我读书之多，可能会让你感到吃惊。孩子们都笑话我。他们觉得我是一本长了两条腿的书。

——查理·芒格

互联网改变了信息连接的方式；指数型技术在迅速颠覆着现有的商业世界；人工智能已经开始抢占人类的工作岗位……

未来，到底需要什么样的人才？

改变命运唯一的策略是你要变成终身学习者。未来世界将不再需要单一的技能型人才，而是需要具备完善的知识结构、极强逻辑思考力和高感知力的复合型人才。优秀的人往往通过阅读建立足够强大的抽象思维能力，获得异于众人的思考和整合能力。未来，将属于终身学习者！而阅读必定和终身学习形影不离。

很多人读书，追求的是干货，寻求的是立刻行之有效的解决方案。其实这是一种留在舒适区的阅读方法。在这个充满不确定性的年代，答案不会简单地出现在书里，因为生活根本就没有标准确切的答案，你也不能期望过去的经验能解决未来的问题。

湛庐阅读App：与最聪明的人共同进化

有人常常把成本支出的焦点放在书价上，把读完一本书当作阅读的终结。其实不然。

时间是读者付出的最大阅读成本

怎么读是读者面临的最大阅读障碍

“读书破万卷”不仅仅在“万”，更重要的是在“破”！

现在，我们构建了全新的“湛庐阅读”App。它将成为你“破万卷”的新居所。在这里：

- 不用考虑读什么，你可以便捷找到纸书、有声书和各种声音产品；
- 你可以学会怎么读，你将发现集泛读、通读、精读于一体的阅读解决方案；
- 你会与作者、译者、专家、推荐人和阅读教练相遇，他们是优质思想的发源地；
- 你会与优秀的读者和终身学习者为伍，他们对阅读和学习有着持久的热情和源源不绝的内驱力。

从单一到复合，从知道到精通，从理解到创造，湛庐希望建立一个“与最聪明的人共同进化”的社区，成为人类先进思想交汇的聚集地，与你共同迎接未来。

与此同时，我们希望能够重新定义你的学习场景，让你随时随地收获有内容、有价值的思想，通过阅读实现终身学习。这是我们的使命和价值。

湛庐阅读App玩转指南

湛庐阅读App结构图:

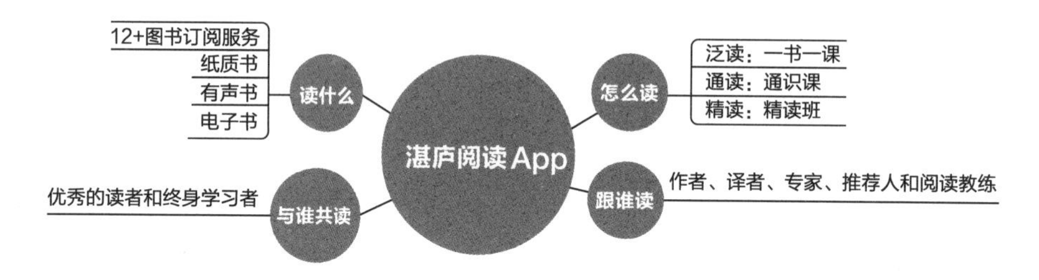

三步玩转湛庐阅读App:

使用App扫一扫功能，遇见书里书外更大的世界！

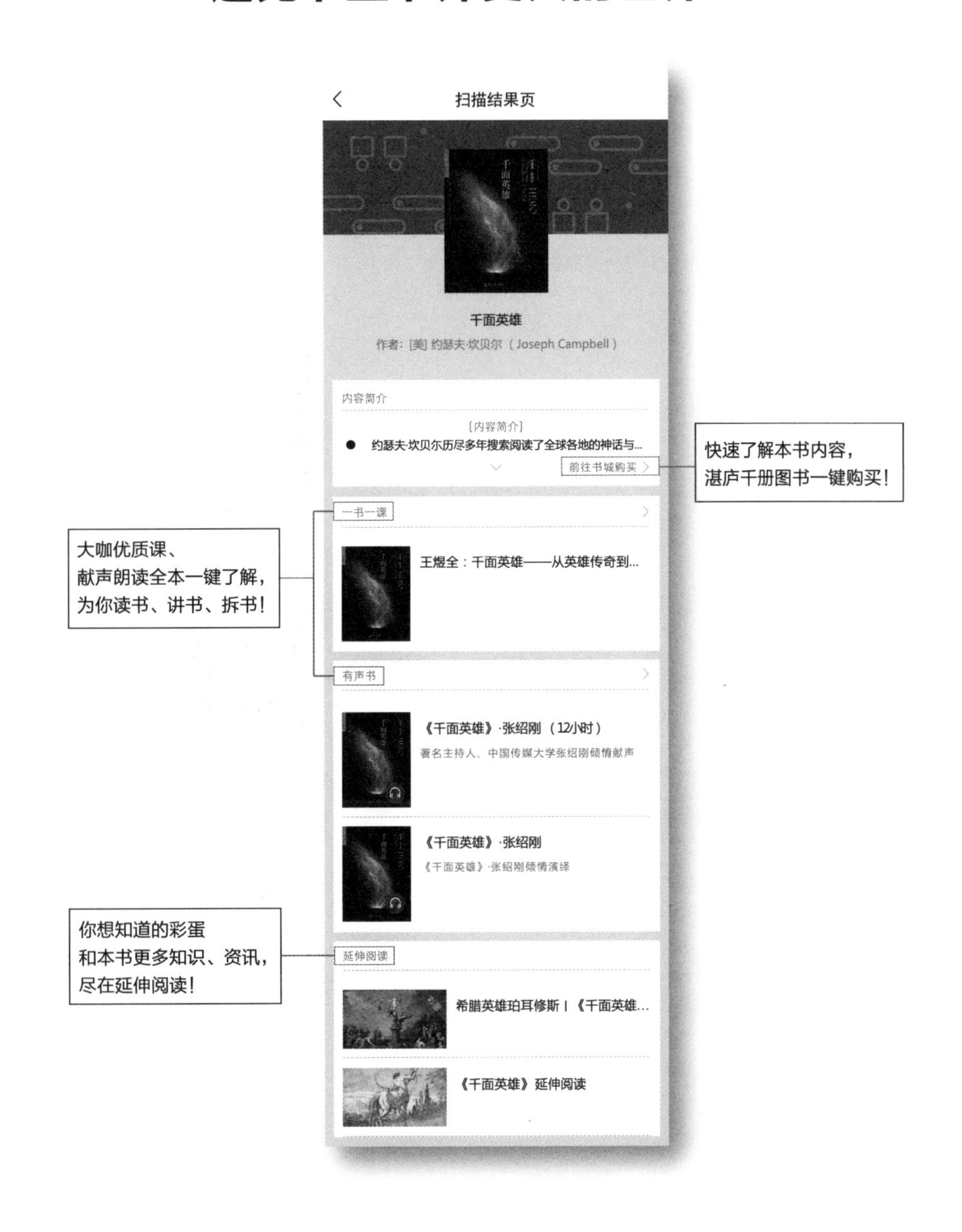

湛庐CHEERS

延伸阅读

《如果，哥白尼错了》

◎ 你是否具有哥白尼情结？怎样理解生命的诞生、存在和意义？地球与人类是独一无二的吗？

◎ 如果，哥白尼错了呢？如果人类并不是宇宙中唯一的生命，我们又该何去何从？

◎ 从微小的微生物到远离地球的系外行星，顶级天体生物学家凯莱布·沙夫将带领我们进行一场科学探险，为寻找人类在宇宙中的未来和意义提供一种新的可能。

《星际穿越》

◎ 天体物理学巨擘基普·索恩写给所有人的天文学通识读本，媲美霍金《时间简史》的又一里程碑式著作！

◎ 好莱坞顶级导演克里斯托弗·诺兰、欧阳自远等 3 大院士、李淼、魏坤琳（Dr. 魏）等 5 大顶尖科学家、《三体》作者刘慈欣联袂推荐！

《穿越平行宇宙》

◎ 平行宇宙理论世界级研究权威迈克斯·泰格马克重磅新作，带你踏上探索宇宙终极本质的神秘旅程！

◎《彗星来的那一夜》《蝴蝶效应》《银河系漫游指南》《奇异博士》等众多烧脑科幻大片争相借鉴的主题——平行宇宙！

《人类为什么要探索太空》

◎ 英国著名天文学家、世界级太空旅行专家克里斯·英庇颠覆式新作天文爱好者的不二之选！

◎ 本书讲述了人类从走出非洲到飞出地球的史诗般历程，揭示了冒险基因如何驱动人类的进化，以及人类将来如何在地球之外的浩瀚宇宙中繁衍生息。

图书在版编目（CIP）数据

如果宇宙可以伸缩 /（英）凯莱布·沙夫（Caleb Scharf）著；（英）罗恩·米勒（Ron Miller）绘；高妍译. -- 杭州：浙江教育出版社，2020.5

ISBN 978-7-5722-0115-8

Ⅰ. ①如… Ⅱ. ①凯… ②罗… ③高… Ⅲ. ①宇宙－研究 Ⅳ. ① P159

中国版本图书馆 CIP 数据核字（2020）第 051777 号

浙江省版权局
著作权合同登记号
图字:11-2020-088号

上架指导：科普读物

如果宇宙可以伸缩

RUGUO YUZHOU KEYI SHENSUO

［英］凯莱布·沙夫（Caleb Scharf） 著 ［英］罗恩·米勒（Ron Miller） 绘
高妍 译

责任编辑： 高露露
美术编辑： 韩 波
封面设计： ablackcover.com
责任校对： 刘晋苏
责任印务： 沈久凌
出版发行： 浙江教育出版社（杭州市天目山路 40 号 邮编：310013）
电话：（0571）85170300-80928
印　刷： 北京盛通印刷股份有限公司
开　本： 889mm ×1030mm 1/16
印　张： 14.75　**字　数：** 193 千字
版　次： 2020 年 5 月第 1 版　**印　次：** 2020 年 5 月第 1 次印刷
书　号： ISBN 978-7-5722-0115-8　**定　价：** 109.90 元

如发现印装质量问题，影响阅读，请致电 010-56676359 联系调换。